U0178943

"贵州省区域内一流建设培育学科·民族学"专项课题（项目号：YLXKJS0052）结题成果

"田野·村落·文化"丛书（第一辑）

SHOU YI · SHOU YI :
BAIYIN LIUDONGZHONG
DE MALIAO

主　编：谢景连
副主编：麻勇恒　王健

手艺·守艺：
白银流动中的麻料

杨　沁　著

中央民族大学出版社
China Minzu University Press

图书在版编目（CIP）数据

手艺·守艺：白银流动中的麻料 / 杨沁著 . —北京：中央民族大学出版社，2022.6

（"田野·村落·文化"系列丛书 / 谢景连主编）

ISBN 978-7-5660-2091-8

Ⅰ.①手… Ⅱ.①杨… Ⅲ.①苗族－金银饰品－研究－黔东南苗族侗族自治州 Ⅳ.① TS934.3

中国版本图书馆 CIP 数据核字（2022）第 096784 号

手艺·守艺：白银流动中的麻料

著　者	杨　沁
责任编辑	罗丹阳
封面设计	舒刚卫
出版发行	中央民族大学出版社
	北京市海淀区中关村南大街 27 号　　邮编：100081
	电话：（010）68472815（发行部）　　传真：（010）68933757（发行部）
	（010）68932218（总编室）　　　　　（010）68932447（办公室）
经 销 者	全国各地新华书店
印 刷 厂	北京鑫宇图源印刷科技有限公司
开　本	787×1092　1/16　印张：16.75
字　数	240 千字
版　次	2022 年 6 月第 1 版　2022 年 6 月第 1 次印刷
书　号	ISBN 978-7-5660-2091-8
定　价	68.00 元

《田野·村落·文化》丛书

总　序

　　民族学研究的目的是力求系统、全面的认知特定民族文化，并在这样的基础上探讨与特定民族长期共存的相处之道，以期求得民族间兼容互惠、协同共存、共同发展。然而，任何民族文化无疑不是一个相对独立、完整的复杂信息体系，在这个体系中，文化的构成要素不胜枚举，各文化要素之间的关联性更是复杂多样。在文化的实际运行中，文化要素之间的联动与休眠的频次不同，持续时间又各异，以至于要综合系统的认知任何一种民族文化，其复杂性和艰巨性，由此可见一斑，它肯定要面对海量的信息集成，哪怕是任何睿智的学者，甚至是实力雄厚的研究机构，要彻底认识一种民族文化，最终都很难办到。于是研究者通常只能退而求其次，凭借研究者自己所荷载的文化为标杆，通过观察、记录、分析和比较，去认识他所需要认识的异种民族文化内容。认识的机制从原则上讲，只能是捕捉那些能够感知的表象，通过他自己的逻辑分析，去猜测异种文化的丰富内涵。然后，从中选取读者最感兴趣的部分加以转述和表达，力图让读者至少可以粗略的了解异质文化的基本特点，由此编成的原始资料汇集，也就是学者们所称的"民族志"，与文化实情相比，总不免挂一漏万，以偏概全。

　　由此看来，任何意义上的民族志都必然要带上调查人所荷载文化的烙印，局限性在所难免，展示的仅是研究者感兴趣、自身认为有用的资料，而不是事无巨细的罗列。资料的呈现方式肯定不会按照被研究者的文化本体结构去加以分门别类的汇总，而是取舍于民族志受众的习惯去加以呈现，迁就读者的痕迹总会时隐时现。这样一来，任何把民族志视为对特定民族文化的全面展示的想法，肯定会大失所望。这套《田野·村落·文化》丛书，在这一问题上也不会例外，它也仅是顺应时代的要求，根据实际需要，经研究者的汰选后，才呈现给读者的资料汇编。虽然不能代表特定民族文化的全部内容，但至少可以让读者粗略的了解研究者认为特定民族文化有价值、有意义的基本内容，作为了解特定民族文化的通用性文本和深入研究的起步性资料来源。

民族志编撰由来已久，几乎贯穿了民族学学科研究的全过程，然而在不同的时代，民族志编撰也发生了一系列不容忽视的变迁，得到了进一步的发展和完善，也留下了一些始料不及的疏漏。大致而言，20世纪30年代以前，民族志的编撰要受到时间、空间、经费、指导思想、人力物力、国际局势等一系列直接或间接因素的牵制，当时的民族学田野调查必然带有探险性、风险性和偶然性，这从传世的经典民族志中就可以得到普遍的体现。经典民族志通常是一位职业或者半职业的民族学家带着自己的兴趣和爱好，以及读者的诉求，去到异国他乡，凭借自己的感受去获取有关民族文化的原始资料，再转述成读者需要的文本形式。说它具有探险性，那是因为当时民族学还处于起步阶段，对全球范围内的民族构成无法全面了解，连能够去什么地区调查，研究者自己都无法决定。说他有风险性，同样是因为调查者自己无法选择，同时被调查者很难理解他们的意图和目的，在调查中，研究者被误解，甚至为此付出惨重的代价，也是经常发生的事情。以至于研究者能够看到的、听到的异民族文化原始资料，必然具有残缺性、零碎性、不成系统。说他具有偶然性，同样是因为当时的调查者能够看到什么、听到什么，无论他作出什么努力，绝大部分的既有目标会落空，未曾考虑的事情反而会撞进他的调查生活，并影响到他的最终结论。

民族学研究的先驱，不管是摩尔根、泰勒，还是弗雷泽，他们笔下的民族志资料或则是经典民族志，就是这么得来的，以至于特定的文化事象与各文化事象的结构功能关系，也只能作出意向性的说明，很难对特定的文化事实作出系统深入全面的呈现。但这一系列特征又是那个历史时期必然出现的结果，从今天看来，不管是有多大的不足和局限，都是那个历史的产物，我们只能接受，没有理由挑挑三拣四，说长道短。

20世纪30年代，马林诺夫斯基作了一项突破性的民族志编撰。这是因为当时各种偶然机会的作用下，他得以在美拉尼西亚的一个小岛上整整生活四年多，这不是他自己有意选择的结果，而是众多社会因素影响的结果。但马林诺夫斯基的这一经历却翻开了民族志的新一页，即在有限的空间范围内，对特定民族文化展开长时间的观察、体验和反复的比对，再写成传世的民族志。围绕一个人数不多的民族群体，整整写出12本大书，由此付出的劳动和艰辛，不仅在那个时代，就是在其后的很长一段时间，也少有民族学家能够做到这一步，称他为一个创举，翻开了民族志的新一页，一点也不为过。在今天看来，任何人都无法否认这12本著作资料的丰富程度，鲜明的在地性，准确时间跨度和始终如一的研究思路，这些都无可挑剔。但如果换一个视角看，这些书所表达出的内容距离当地民族文化的全部丰富内涵，事实上还差的很远，这是因为当地民族文化中的不少内容，马林诺夫斯基没有机会碰到，或者即使碰到了，他没有敏感的意识到其存在，亦或这样的文化事象过于隐蔽。不管是因为什么原因，类似的缺失总是在所难免。举例说，在他的12本著作中，当地民众如何与复杂的海岛和海洋环境中的生物打交道，如何通过认知去作出正确的利用选择，作者对此并没有在意，他不可能具有达尔文和拉马克那样对物种的敏感性。所以在取得重大成功的同时，要全面认识另一种民族文化，依然存在着不容忽视的不足和疏漏。

第二次世界大战以后，时代格局发生了全局性的巨变，冷战思维深入了民族学研究和民族志编撰中，优秀的学者和专家在这样的形势下也不得不屈从于时局的变化，民族志编撰的功利性变得非常明显，调查对象的选择、调查方式的调整、民族志编写的体例乃至表述方式上，都打上了时代的烙印，要追求民族志编成的系统、全面、中立，更其艰难。但这同样是时代的产物，是好是坏、是对是错的争论，必要性并不大，因为在这样的情况下，本身就不具有科学意义上的可比性。在功利和形势的双重胁迫下，研究者的追求不管怎么努力，肯定会被扭曲。时至今日，在这一问题上我们依旧无可奈何，不管遇到什么问题也都得接受，承认其存在，然后再考虑进一步的甄别和汰选。

总而言之，民族调查本身就是一场科学活动，而任何科学活动也必然是社会活动，活动就要承受和应对来自社会的影响。时代发展到今天，中国要建构好自己的民族学，并站在时代的要求从事新型的民族志编纂，则需要看我们如何去做了。

凯里学院民族学团队正是基于这样的认识和考量，力图规划一次能够回应时代紧迫需求的规模性田野调查，并在这样的基础上汇编成了这套卷帙浩繁的《田野·村落·文化》丛书，希望对民族学的中国化尽一份绵薄之力，我们都为之欢欣鼓舞。那么对我们的读者而言，作出如下提示实属责无旁贷。

这套丛书的独特性在如下四个方面表现得尤为突出，值得读者抱以更多的关注。其一，这份原始资料集成的时间跨度、空间范围与组织规范高度稳定，从而使得搜集的所有文化事象和隐含的文化内在结构特点，其可比性有保障，这对进一步深入研究与利用价值极高。这套丛书的调查前后经历了10年时间，调查的范围主要集中于黔东南苗族侗族自治州，对凯里、锦屏、天柱、黎平、剑河、雷山、榕江、从江、黄平、丹寨、岑巩等县市的70多个村落开展过田野调查，参与的人员大多都是本校的老师和学生，所接受的教育和训练同质较性高，这就为进一步的比较研究奠定了坚实的基础，完全可以作为进一步深入研究的资料库存。

其二，此项田野调查工作正值中国改革开放得以深化，而又面临世界格局巨变的转折期，被调查的每一个民族在百年未遇之大变革面前，无一不受到来至外部的冲击和影响，传统文化在这样的时刻发生变迁实属无可避免。在这样的时段展开调查，获取第一手资料，对探讨文化的变迁历程，变迁的机制，变迁的走向和最终可能的结果都可以得到确凿可凭的实证资料。尽管此后大规模的田野调查还会陆续展开，如果没有及时开展此项田野调查工作，则会错过获取文化变迁动态过程的大好机遇，在国内尚无类似丛书的情况下，这份资料的问世具有不可替代的价值。

其三，此项田野调查的组织工作相对严密，调查规范首尾一贯，人员构成稳定，更重要的是功利性的干扰被降到了最低限度，因为参与者大多是在校教师与学生。以至于所获资料的可靠性、在地性、行文规范性都有充分的保障，下一步对所获资料无论是展开甄别、归类和提炼工作，难度都不会太大。

其四，此项田野调查工作，在新技术和新装备的启用上也相当出色。田野调查的参与者大多来自学校所在的黔东南苗族侗族自治州，校方与被调查的村寨长期借助现代通讯，保持着密切的联系，年轻的学者对现代的新技术和新装备都能娴熟掌握。以至于文字、录音、影像资料可以得到高度的整合。除了调查者参与式调查外，资料的增补、核实和修改工作都可以通过电讯完成。此前的田野调查难以克服的技术性障碍，在这份资料中大致都可以得到现代技术的支持和克服。

正是因为具有以上四个方面的优势，因而这套丛书不仅能够满足普及性的要求，还能够满足中层，甚至高层的深入研究的需求，开创的组织管理模式对其他地区的民族调查可以发挥参考和借鉴作用，完全可以称得上是在全新的时代，支撑了全新的中国式田野调查方法和村落民族志的编撰体例，可喜可贺。

《田野·村落·文化》这套丛书陆续出版后，还必须注意到在取得阶段性成果的背后，还有一个组织有序的研究团队也在茁壮成长和壮大，这不仅得力于此项田野调查工作的组织者的深谋远虑，还因为凯里学院占尽了天时地利人和之便。一方面，这一调查和研究团队遇上了生态文明建设的大好时机，凯里学院所处的黔东南本身就是人与自然和谐关系保持相对完好的地带，"从江侗乡稻鱼鸭系统"（2011）和"贵州锦屏杉木传统种植与管理系统"（2020）先后入选全球重要农业文化遗产和中国重要农业文化遗产，当地社会和自然环境具有明显的典型性。因而在这里组织有序的田野调查，操作起来无需远求，就地就可以解决大部分的难题。另一方面，这一地区本身就是多民族杂居的地带，各种不同文化的交往交流交融是数百年来的老传统和历史事实，但对当地生态环境的冲击与干扰并不明显。直到今天，这里还可以称得上是生态维护做得相对到位的人文地理区段，在这里展开有组织的田野调查，所能获取的文化生态资料，在全国范围内都具有明显的典型性和代表性。更由于凯里学院是地方院校，学生大多来源于本土社会，对本民族文化与家乡情有独钟。凝聚共识，持之以恒，很容易得到所处社区的潜在支持和激励。

上述三个方面的优势往往是某些名校很难具备的潜在优势，因而组织庞大的研究团队，集中力量从事规划有序的科研工作时，容易达成共识、协调一致，更容易为年轻人提供实践的机会。同时，组织者与老师、学生之间也很少出现意见分歧，不至于干扰实践活动的开展。最终都会表现为这样的研究团队一经形成，很少会因为人事的变动、形势的变化而受到明显的干扰。任何研究使命一旦确定，总能够坚持到底，一以贯之。当然，任何一项成就，不仅是学校和老师努力的结果，社会的支撑也一直发挥着重要作用。所以，我们完全有理由说，只要有这样的研究团队，下一步调查工作的发展，肯定可以越做越好，因为这个团队与所处的文化生态背景本身就存在着协作的关系，前程远大，可期可待。

民族学此前已经做过的重大田野调查工作虽然不少，但在此前的经典论著中，都会很自然的表现出共性的特点，那就是知名的专家学者在其间发挥着关键性的作用。除了他们亲自参与田野调查研究外，还可以凭借个人的影响，雇佣资深的学者一并参与田野调查工作，取得的成就虽然令人瞩目，但所涉及的规模始终很难扩大。尽管知名专家在不同地区组织过多项田野调查工作，但所能达到的广度和深度总不免缺乏后劲。

就贵州境内而言，规模较大的民族调查首推"六山六水"的田野调查，这是一项坚持了数十年在全省范围内展开的民族学田野调查。但其间的问题在于，它是一种由特定研究单位规划组织的调查，参与的人数虽然不少，但不在本单位直接管辖之下的研究者比例较大，研究单位自身的人事变动不可避免。在数十年间，田野调查取向、工作方案、研究目标经过了多次调整，以至于形成的成果虽然很多，涉及面也较广，但所获资料之间的内在关联性、可比性、可借用性却不牢靠。凯里学院组织的这项规模性田野调查则不同，与"六山六水"的传统调查相比，持续的时间相对短暂，涉及的范围也相对狭窄，但整个研究工作却能做到一贯到底，从而资料积累的深度和广度反而更具优势，资料的可比性反而较高。这应当归因于此次田野调查指导思想稳定、参与人员稳定这两大基础条件。就这个意义上说，将此项田野调查和这套丛书的出版视为贵州省内民族调查的新一页，实属实至名归。

　　鉴于这套丛书卷帙浩繁，搜集的原始资料涉及面很广，因而在阅读、理解和应用这套丛书显然需要作出层次区分。对一般读者而言，没有必要逐字逐句的从头读到尾，只需要精读自己感兴趣的部分就够了。对于国内的其他研究者而言，系统性把握特定文化事象的来龙去脉，理应成为阅读和利用的重点，而不必深究原始资料记录表达上的细节性差异。但对于高层次的研究者而言，在这套丛书基础上展开多维度、多视角的反复对比分析，就显得至关重要了。这是因为字面表达上的细微差异，背后必然隐含着深层次的文化逻辑关系，深入剖析这样的差异后，进一步的理论归纳和提炼也就水到渠成了。

　　是为序。

杨庭硕

岁次壬寅夏至于贵阳东山家中

目 录

导　言

　　本书所描述的是贵州黔东南一个世世代代以银饰打造为生的苗族村寨——麻料村，从"空心村"到旅游村落的华丽转变，而引发这一转变的便是当地银饰手工艺产业化的兴起。通过对该村落进行的实地考察，旨在说明银饰手工艺产业化的兴起与当地特定的地理环境、社会文化、组织结构都有必然的联系。与中国大多数少数民族村寨一样，麻料村的许多民族文化元素正在被激活，重新步入了大众的视野，因此，我们的视线也倾向于关注地方性文化。当地方性文化融入"现代性"这个叙事结构中，我们试图从人类学的角度去观察麻料村的银饰手工艺是如何发展的？在发展的过程中面临哪些境遇？国家话语和民间力量在权力场域中的博弈是否能趋于平衡等问题。

　　20世纪70年代末，随着全国改革开放大潮的涌起，贵州也开始进行经济改革，改变了原有的人民公社经营形式。借此契机，麻料村的村民们也开始重拾古有的银饰锻造技艺。据村里的老人们回忆，当时村里的银匠们纷纷挑起银匠担子走村串寨去台江、丹寨，甚至是凯里打银，重山阻隔、交通受限，银匠们往往要走上几天几夜的路。村里的很多中年人还记得，儿时跟着父辈去打银，银匠们每到村寨常常是敲开一家的门，好手艺便在全村传开去，于是他们就挨家挨户地打，生意好到两三年也走不出一个寨子，"空心村"就源于银匠们多年来的"游走"生活。1997年麻料村通电了，据银匠潘SX① 回忆："通电的那天，全村人把能打开的灯都打开

---

① 本书出现的人名较多，且有些名字被反复提及，为保护受访者，人名均使用的是化名。

了，全村人彻夜无眠"。① 2000年，麻料村实现通车，村民们不用再走两天两夜才能看到车，交通的便利让村民们能够更加便捷地走出大山。通电通车改变了村民们的生活方式，但是为村民生活带来方便的同时，首饰倒膜机、冲压模具等现代化机械设备也进入了人们的视野，从2000年开始，麻料村的手工银饰锻造受到了机械化生产的巨大冲击，机械打制出来的银饰耗时短，人工成本低，因此相对来说，出售价格也较低，购买银饰的人更愿意选择机器打造的银饰，需要手工打银的人越来越少，于是村里大多数的年青人只能放弃手艺，跑到外面打工。

2006年，苗族银饰锻制技艺入选第一批国家级非遗名录，这个消息让麻料村的银匠们重新看到了希望，不少银匠又重拾老手艺，跑到湖南、云南等地帮人加工银饰或自己开银饰店。2008年，第三届贵州旅游产业发展大会在西江千户苗寨举行，带动了该景区的旅游开发。麻料村距离西江千户苗寨15公里，一些银匠看到了旅游发展带来的商业契机，纷纷将银饰作坊搬进了西江景区，于是在麻料村就出现了"银匠村里找不到银匠"这样的尴尬境遇。年青的村民们离开了生于斯长于斯的乡土，在外谋生，使得本地区的节日、庆典、祭祀、仪式、习俗等文化事象面临着前所未有的"被消亡"的挑战，社区政治格局、经济关系和文化模式也随之发生改变。2015年的"两会"期间，全国政协委员冯骥才提及了一个事实："2000年全国有360万个古村落，2010年是270万个，10年就消失了90万个"。② 由于生计压力使得不少年青人选择外出务工，大量传统村落出现空心化或村落风貌被破坏等现象，进而直接导致传统乡土文化的延续出现断层。

基于此，2017年党的十九大报告提出了乡村振兴战略，这一战略的提出也为传统村落的保护指明了方向。从2017年开始，麻料村全村入股近100万元成立麻料村银饰公司，同时申请58万元扶贫资金，将村里废弃的小学改造成银饰加工坊、银饰刺绣传习馆。村民们联合成立了百匠银器

① 访谈对象：潘SX，男，43岁；访谈时间：2019年6月4日；访谈地点：CF银饰工坊内。
② 中国经济周刊.[微观两会]冯骥才：15年间160万古村落消失.（2015-3-16）。

合作社、银绣旅游发展有限公司、银匠协会等，并采取"公司+合作社+
贫困户"的经营模式，吸引在外经营的银匠回到村里抱团创业，以振兴苗
族银饰锻造技艺来改变贫困状况，实现乡村振兴，这使得麻料村成了传统
工艺助力精准扶贫的典型案例，麻料村模式也成为当下各传统村寨竞相复
制的一种非遗扶贫模式。

　　与此同时，我们不能以十分乐观的态度去看待麻料村的银饰手工艺
发展，不能忽略的一个问题是，传统手艺能否"守住"，终究是受到市场
因素决定的，即有多少外来的潜在消费者来到麻料购买银饰。通过走访
村里的博物馆负责人，我们拿到了一份麻料村的游客登记簿（2019年4月
25日—2019年6月11日），这个时间段共有192名游客，其中贵州本地
的居多。192名游客中有多少人购买了银饰，博物馆也没有确切的统计数
据。我们可以保守估计，购买银饰的游客数量是不多的。原因在于，一方
面游客来到麻料村是出于当地较少受到商业化模式的影响，与西江苗寨景
区相比，当地的传统文化保持得相对完整，游客来此的目的不是购物，而
是游玩。另外一方面则是博物馆内银饰的价格相对较高（通过比较银饰加
工坊的价格得出判断），即使游客想要购买一些纪念品，出于购买能力的
考虑，也会选择理性消费。前面提到，麻料村采取"公司+合作社"的经
营模式，目的是带动贫困户一起发展，让贫困户脱贫致富，但实际情况是
银饰公司常年入不敷出，能给贫困户的分红极为有限。通过振兴苗族银饰
锻造技艺来改变贫困状况已变成了政府参与和实施的政府行为，出于政治
与经济因素考虑，政府对于银饰公司的经营有自我的一套表述体系。而民
众对于银饰公司的发展则持观望态度，年底分红成为村民衡量银饰公司经
营好坏的唯一标准。另外，麻料村有13家银饰工坊、5家农家乐，发展村
落旅游业已初具规模，但大多数时间多家银饰工坊处于关闭状态，银匠们
主要还是经营自己在村外的银饰店。由此可见，银饰锻造手艺的传承固然
重要，但却无法脱离市场经济利益而去坚守。

　　人类学的研究似乎总是希望从一个地方性的问题透显出人类普适性的
信息。本书虽然是个案研究，但也希望通过对当地银饰手工艺进行的全面

考察，尽量客观地呈现当地经济生活。在当下乡村振兴的时代背景下，从传统村落与旅游发展的角度探究苗族银饰手工艺产业化的现状，从点到面，以期能够为其他的地方社会提供一些普适性的参考。

第一章　研究区域

一、地理概况

麻料村位于贵州省雷山县西江镇西北部，距离西江镇政府所在地15公里，距离雷山县城53公里。全村总面积3.71平方公里，耕地面积556亩，其中田面积501亩，土面积55亩，人均耕地面积0.79亩。因与周边村寨相交叉的面积未包括在内，故这些数据与实际面积会有些许出入。

图 1-1　麻料村远景

　　麻料村是西江地区建村在坡顶的村寨之一，之所以选择从山脚搬至坡顶居住，最先考虑的还是农业的发展。山脚植被稀疏，土地面积有限，不易于从事农业耕作。现在居住的地方，有一定的水源，植被也较为丰富，也易于开垦田地。水田分布在村寨附近的山谷里，庄稼分布在寨子坡顶上或者镶嵌在寨子中间。

　　关于麻料的村寨选址还有这样一个故事传说：最早麻料的祖公们是住在山脚的。有一天，村里有一家人丢了一只老母鸡，主人家一直找不到，就以为一定是被黄鼠狼吃了，就不找了。过了几天母鸡带着一群小鸡，回到了主人家。原来母鸡跑到了山腰上，在那里抱了一窝的蛋。后来母鸡每天吃饱了就带着小鸡跑到山腰上去休息。祖公们认为，可能山腰比山脚更好，于是山脚下的人就慢慢地往上搬来了。

　　寨子虽建在坡顶，但依旧是以苗族传统的民族聚落布局的。坡顶建村，住地倾斜，块状聚落，大寨、中寨、新寨聚居于寨门左侧，小寨位于寨门右侧。村落规模不大，聚落较密集。未来会向寨门外扩建，往排羊方向已经零星有几户人家在修建住房，寨门正对面也在修建停车场和观景台。

　　麻料村气候属中亚热带湿润气候，气候温和，雨量充沛，雨热同季，冬无严寒，夏无酷暑，雨日及云雾多，光照少，山地垂直气候差异明显。年平均温14—16℃，无霜期265天，年均日照125小时，雨量1250—1500毫米。这种气候条件，对多种林、草及中药材的生长非常有利。不利的条件是，日照偏少，仅达28%（处于全国低值区），冬春阴雨多，地势较高地区易受"秋风"和"倒春寒"危害，此外，局部地区有干旱、暴雨现象，对粮食生产制约较大。[①] 由于气候环境的限制，麻料村民主要以打银为生，种植粮食不用于出售，只是供自家食用。现在大量农田荒废，农民的粮食都是通过购买获得，田里会种一些玉米、蔬菜，但也仅供自家人食用。（在第七章详细叙述）

----

　　① 雷山县县志编纂委员会：《雷山县志》，贵阳：贵州人民出版社，1992年，第76页。

麻料村向东约5公里处的"白习坡"与台江县排羊乡九摆村接壤，向南以"索扁富"与控拜村相连，西面和北面与乌高村相邻。

控拜村与麻料村毗邻而居，在地理位置上两村最为接近。从麻料村的田埂小路步行出发至控拜村仅需15-20分钟。因为空间距离的影响，两村在民俗文化、经济生活方式等方面有很多相似性。控拜村全村148户，历史上村民也主要以制作银饰为主，因而有"银村"之称。

乌高村离西江镇政府所在地18公里，北与凯里市三棵树镇南高村脚高寨相邻，东与台江县排羊乡接壤，位于雷山县城北面，距雷山县城55公里，处于雷山县、凯里市、台江县三地交界处。该村乌高寨是银匠艺人发源地，有118户从事苗族传统工艺银饰加工锻造行业，工匠遍布全国各地，主要集中在雷山、凯里、丹寨、台江、榕江、贵阳等地。

九摆村位于台江县城西南24公里处，隶属台江县排羊乡。东出台江，西至凯里，南抵雷山，北达台盘。交通便利，西江—排羊旅游柏油路穿寨而过，是台江县重点旅游开发和保护地。九摆村分上寨、下寨、平寨三个自然寨，7个村民组，408户共3507人。九摆村依山傍水，四面青山环绕。民居依山而筑，木结构吊脚楼，几乎家家都是银饰加工作坊。1956年，麻料村与九摆村曾经就历史遗留下来的"白习"山林土地问题发生过纠纷。截至2019年6月笔者去麻料进行田野调查期间，此事还未得到圆满地解决。

由于麻料村、控拜村和乌高村在地理位置上呈三角之势，且都是以银饰加工为生，世代相袭，因此被形象地称为"银三角"。

三村都是在2000年之后才通车。据《雷山县志》记载："民国三十年，撤销丹江县，并入台江县后，台江县政府曾组织修建台江至西江的公路，路线经过麻料村。后来雷山县恢复县治后，未能修通。民国三十二年时，贵州省保安团进驻西江后，曾强迫当地人民修建西江至开觉的公路，但未能修通。1980年6月，县交通局侯正富领队对西江至大沟公路的测量设计，侯正贵任指挥长，由黄里、白连、西江、大沟等公社民办公助修建。同年11月动工，1981年4月14日竣工通车，全长8.2公里，总投资62万元。"①20世纪90年代以后，商议修建开觉至排羊公路，由政府出资及村民捐资的形式开始动工。2000年，麻料村通车。2010年左右，西江至排羊整段公路进行改造，2012年左右铺成柏油路，全长11公里。② 现今道路维护良好，除下暴雨时会有少部分塌方外，并无其他障碍。公路的修建与改造，使得麻料村到西江镇的时间大大缩短，这也有利于麻料村旅游产业的快速发展。

二、经济状况

由于地少人多，村民的收入主要是银饰制作和外出务工。麻料村世代以银饰加工为生，目前全村银匠共有114户、236人，占总户数的63.3%。早在一百多年前，麻料村就以精于银饰制作在省内颇负盛名，那时由于地处偏僻，交通不便，银饰产品只能由村子里的银匠们外出打制，类似于古代的行商。2006年，苗族银饰锻造技艺被列入第一批国家级非物质文化遗产后，2009年初，麻料村凭借其悠久的银饰文化传承，被中国美术工艺协会评为"中国银饰之乡"，知名度也越来越高。2017年，为加快脱贫攻坚步伐，麻料村两委因村施策、因户施策，成立了麻料村银饰公司，全村入股近100万元股金发展公司，同时申请58万元扶贫资金建起了银饰博物馆，重点以利益链接的方式惠及47户贫困户，带动全村群众就业创业。为了抱团壮大村集体经济，相继成立了银饰协会，开办了银饰生产合作社，13个银饰工艺世家开了银饰生产作坊，成立了银饰传习所等。随着电商的发展，阿里巴巴等集团都相继到麻料村进行考察，帮助营销。

除了传统的农业与手工业外，村里有老人的家户还会喂养少量的鸡、鸭。鸡的品种主要是土鸡，易喂养，生长周期长，抗病能力强。麻料村选择这个品种主要是因为成本低，适合家庭养殖。自家养殖的鸡，不用于出售，因为数量较少，逢有客人或在一些节日、仪式中会用到。此外，土鸡

---

① 雷山县县志编纂委员会：《雷山县志》，贵阳：贵州人民出版社，1992年，第471页。
② 访谈对象：李YC，男，42岁；访谈时间：2019年6月9日；访谈地点：DX农家乐门口。

的鸡蛋在城乡市场上非常畅销,营养价值高,蛋价也高于普通鸡蛋。寨子里还养有专门用来打架娱乐的斗鸡。人类学家格尔茨在《文化的解释》一书的最后一章《深层游戏:巴厘岛斗鸡》中探讨了"斗鸡"之于巴厘岛人的意义,"在共和国体制下的巴厘岛,斗鸡被视为非法的,因为斗鸡被看作'原始的''倒退的''不进步的',而且通常是与一个有雄心的民族不相称的。"[①]"他们担心贫穷的、无知的农民赌光他所有的钱,担心外国人会如何看待此事,还担心那些本应用于国家建设的时间被浪费掉"[②],这种对斗鸡的否定评价是用一种外来的标准强加给巴厘岛斗鸡游戏本身的,并非参与斗鸡的巴厘人的自己内部认识,斗鸡场上表面是公鸡的搏斗,实则是男人的相互较量。巴厘岛的男人对雄鸡有深刻的心理认同,雄鸡得到了巴厘岛男人们体贴入微的照顾,洗澡、喂食、梳理羽毛等活动占据了他们大多数时间。男人们将雄鸡作为自身象征性的表达与放大,如"英勇""斗士"等精神,这种联系甚至可以隐喻为男性器官的象征。与巴厘岛斗鸡相似的是,苗族人的斗鸡游戏也体现了附着在"斗鸡"身上的荣誉感、自尊感。苗族的斗鸡游戏兴起于苗族人定居后对于土鸡的驯化。从孩童时期开始,男孩子便成了斗鸡游戏的主要参与者,斗鸡可以通过购买或者亲戚朋友赠送获得,虽然斗鸡所用的仍然是土鸡,但斗鸡有其专属用途,只能在斗鸡场上争胜负,输了的斗鸡不能用于苗族的祭祀仪式。随着麻料人靠打银所获得的经济收入持续增加,人们开始有余钱进行一些娱乐活动,斗鸡游戏的输赢不仅仅只是为了获得一种胜利感、荣誉感,某些场合"斗鸡"也成了赌钱的工具。

鸭的品种主要是旱鸭子,也有部分水鸭。麻料村养旱鸭主要是因为水源极少,但又需要在逢年过节时食用。养殖水鸭,除了其肉质鲜美以外,在一些节日仪式中也偶有需要,急需的时候由于距离乡镇远,不能及时获得,所以自家也会养几只以备用。

---

① [美]克利福德·格尔茨:《文化的解释》,韩莉译,南京:译林出版社,2008年,第456页。

② 同上。

寨子里一直都不喂养水牛，主要原因是水源有限，只喂养黄牛，目前寨子里仅养有五头黄牛用于农田耕作。村里的人说以前未发展旅游的时候，村民们对寨容寨貌不够重视，寨子里鸡、鸭随处可见，现在都被圈养起来了。黄牛也是割草圈养，平日里用于耕作，吃新节时会把黄牛放出来打架娱乐。

其他副业还有开设农家乐、客栈。农家乐、客栈是银饰文化带动起来的乡村旅游发展项目，获得了国家项目资金的支持，目前麻料村有5家农家乐。

三、村庄的人

全村有4个自然寨（包括上寨、下寨、小寨、新寨），辖10个村民小组，184户，总人口746人，其中男性为469人，女性为277人（有4位女性为户主）。60岁以上的老人有107人，占全村总人数的1/7左右。[①] 麻料村是一个典型的苗族村寨，村里以李、黄、潘三大姓氏为主，其中人口最多的为李氏家族，100多户，黄氏家族50多户，潘氏家族20多户。当地1970年的寨火烧毁了寨中唯一一套族谱——李氏族谱，村内除墓碑外，极少见碑刻。

在麻料，无论是李姓、黄姓还是潘姓，几乎都说自己的祖先是从江西迁过来的，或者是从江西迁到贵州其他地方，再迁到麻料村。贵州许多地方的族群确实都是明朝三次大移民时从江西迁入的，这个状况基本与历史相符。由于当地族谱缺失，村里人对于祖先的记忆非常模糊，只能记得最早在麻料生活的先祖大约是在400年前。在村里进行访谈时遇到了鼓藏头的父亲，他是当地公认的仪式专家，他主动说起麻料先祖们是如何搬迁，最后定居麻料的。

---

① 访谈对象：李J，男，38岁；访谈时间：2019年6月6日；访谈地点：麻料村村委会办公室。

祖公们以前本来是在江西的，后来灾荒了没有饭吃了，所以来到了榕江。来榕江的人实在太多，于是就分家了，拿了一个碗，分成五块，约定如果再遇到拿着碎碗的人群就是亲兄弟，不能与他们结亲。麻料的祖公就来到排羊一个叫排杂的地方安家落户，那时候没有什么玩的，就唱啊跳啊吹芦笙啊。在那里，有一块像房子一样大的石头和一个水井，挑水井的水来煮猪潲（方言：猪食），猪长得又快又肥，放牛在那块石头旁边，牛用舌头去舔石头，牛就长得很肥。后来，汉族的人知道了，就拿桐油把石头给烧破，用石头把井填住了。祖宗们在那里又死人，又死鸡，粮食收成也不好，所以就搬到排羊大塘去住，当时大塘的苗族人很少。苗族实行五里路安一堡，十里路安一屯。排羊那里安了一个屯，祖公们就住不安稳了，就搬到了下面的那个坳坳（现麻料村山脚下）那里了。①

从故事中我们可以看出，麻料的祖先一次次的搬迁都是由于受到农业生产的局限和生存资源的缺乏，搬迁之路上包含苦难与辛酸。尽管生存空间一再被挤压，麻料先民依然存活了下来，苦中作乐，形成了勤劳、坚韧、热情的优良性格。如今，麻料村民的口语中非常常见"我们苗族""你们汉族"这样的词汇，是为了树立苗族这一族群的身份认同。

（一）李氏家族

李氏家族是麻料村最大的家族。据李氏家族老人讲，麻料村李氏家族分属于不同的支系，最早的一支是从台江排羊大塘迁徙过来的，在李GZ老人家中发现了关于这一房族的记录名单："里送"——"荣里"——"黄荣"——"耶黄"——"有耶"——"里有"——"九里"——"六九"——"保六"——"应保"——"春应"——"艳春"（见图1-2）。另一支"祥送"——"长降"——"往长"——"更往"——"代更"——"往代"，往下就到李ZX老人及他的儿孙们。②

---

① 访谈对象：李GZ，男，76岁，麻料村祭师；访谈时间：2019年6月8日；访谈地点：李GZ家里。

② 访谈对象：李ZX，男，56岁；访谈时间：2019年6月5日；访谈地点：麻料村村委会门口。

　　另一支是从湖南麻阳县迁徙过来的。这一支迁徙过来的李氏支系，到麻料村已有五代人，分别是金堂公、福金公、里福公、古里公、建古公五代人。还有一个支系据说是原来一位唐姓商人，到麻料村做生意，后来生意失败没有财产了，于是就住在了麻料村，久而久之便开始在这里生活。因为需要在当地生存下去，于是改姓李，依附于麻料最大的姓氏家族，以分得田土生存。后两支迁到麻料的李氏家族都比台江排羊迁徙过来的李氏家族晚①，但是因为在麻料村共同生活，情感上已经认同为一个家族。由于李氏家族没有系统的族谱来佐证，我们只能通过口述得到一些访谈资料，但由于个体在进行口述时会对信息进行筛选，因此关于氏族来源的几种说法，我们无从考证其真伪。

图 1-2　麻料村李氏里送支系

　　另外在村里调查过程中，我们还找到了李氏家族"高祖李公你哒老大人"的墓碑（见图1-3），该墓碑立于2017年，位于村寨门口古树群下，

---

① 材料由李ZX口述资料整理获得。由于没有文字记载，李ZX无法提供确切的迁徙时间。

此先祖应该是李氏确切的最早的先祖。

　　当问及是哪个家族最早来到麻料时，我们得到了不同的回答，李氏和黄氏都坚称自己是最早来此定居的。据笔者观察，麻料村中李氏与黄氏是以爷孙相称的，李家视黄家为长辈，但彼此之间没有亲缘关系。黄TR老人说："目前黄氏家族已经有九代人，李氏家族有七代人。爷孙相称已经成为一种习惯，跟血缘关系无关，如果要追溯哪个氏族先来到的麻料村，历史太过久远，老人也无从断定。"①

图1-3　麻料村李你哒墓碑

---

　　① 访谈对象：黄TR，男，78岁；访谈时间：2019年6月11日；访谈地点：黄TR家中。

（二）黄氏家族

黄氏家族是麻料村第二大家族，其与李氏家族杂居在麻料村的大寨与中寨。

通过对黄TQ、黄TR、黄TD三位老人的访谈，我们大致了解了黄氏家族的历史。据黄TD老人讲，之前有传说黄氏家族的先祖是从凯里市开怀附近迁来的，因为祖先曾去开怀附近要饭，后在开怀附近去世，黄氏族人曾去到开怀附近寻找祖坟，未果。2003年，三棵树镇排乐村（开怀附近村寨）曾邀请周边黄氏，包括三棵树镇摆底村、三棵树镇季刀村、西江镇麻料村前往排乐村认祖先，历时一天一夜。后来确定麻料村黄氏与开怀附近村寨的黄氏没有任何亲缘关系。黄TD老人认为麻料村的祖先是从台江排羊迁徙过来的，但语焉不详。与李氏家族一样，由于黄氏家族没有族谱，故对其氏族来源无从考证。当问到黄氏家族迁徙到麻料的时间与李氏家族、潘氏家族谁更早些的时候，老人说在黄氏家族中流传的一句话是："黄百万李五千房，潘五千"，[①] 意思就是黄氏家族的房数或者人数都比李姓或潘姓多，实际就是指黄氏先祖比其他两家氏族先祖迁徙到麻料的时间早。与老人交谈中了解到麻料村黄氏先祖叫"当吾"，黄氏家族没有族谱，但是老人们通过字辈的轮回推算到黄氏家族迁到麻料村至今已经有八代人（参见第15页黄氏家族谱系图），以每代二十年为计，麻料村黄氏已经有160-180多年的历史。

---

① 访谈对象：黄TR（男、78岁），黄TD（男、75岁）；访谈时间：2019年6月10日；访谈地点：麻料村黄仲寿墓碑前。

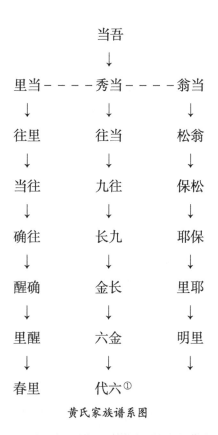

当吾
↓
里当－－－－秀当－－－－翁当
↓　　　　　↓　　　　　↓
往里　　　往当　　　松翁
↓　　　　　↓　　　　　↓
当往　　　九往　　　保松
↓　　　　　↓　　　　　↓
确往　　　长九　　　耶保
↓　　　　　↓　　　　　↓
醒确　　　金长　　　里耶
↓　　　　　↓　　　　　↓
里醒　　　六金　　　明里
↓　　　　　↓　　　　　↓
春里　　　代六①

黄氏家族谱系图

图 1-4　麻料村黄氏黄仲寿墓碑

---

① 笔者根据黄 TD、黄 TR 老人访谈资料整理获得。访谈时间：2019 年 6 月 5 日；访谈地点：麻料村村口凉亭。

麻料村寨口立有黄氏"高祖黄公仲寿"的墓碑（见图1-4）。黄仲寿生于1812年4月13日，逝于1877年5月18日，曾在道光年间任通事。黄仲寿这一支家族，是寨子里最早进来居住的，至今有十几代人了，与李姓一起。麻料村黄氏家族有五支，黄仲寿这一支被称为"小黄"。字辈有：大学明朝廷，字昌通光远，德龙金玉美，和常世永清。目前用到美字辈，而玉字辈因当时用错，已经立档案无法更改，故被连字辈所代替了，现在麻料村黄氏没有用玉字辈的。① 关于黄仲寿姓氏和任通事的故事，老人们讲："以前有个姓黄的土司，黄土司相中麻料寨黄仲寿的一处地穴安葬他的夫人。黄仲寿以前没有姓，是因为黄土司去和黄仲寿认兄弟，后来改姓黄氏，之后黄土司还委任黄仲寿为通事。"黄TR老人说黄氏字辈和杨氏字辈一样，其间流传着这样的传说，据说以前麻料村有一位黄姓老人去到一条河边无法渡河，河的对岸有一个杨姓老人，黄姓老人向对岸杨姓老人求助，帮忙渡河到对岸去。杨姓老人问："你姓什么？"黄姓老人回答说："我姓黄，你呢？"杨姓老人回答说："我姓杨。"杨姓老人接着说："你是黄家，那你知道你家的字辈吗？"黄姓老人讲不知道，杨姓老人就提议说："既然你不知道字辈，那就跟我杨家字辈一样算了，我就帮你渡到对岸来"。② 于是才有今天麻料村黄氏家族所说的，麻料村黄氏家族字辈与杨氏字辈差不多。虽然故事是从老一辈人那里传下来的，无法辨别真伪，但黄氏与杨氏的字辈接近，这是事实。黄TQ老人说："现在黄氏有7个字辈，循环使用，分别是：再字辈，正字辈，通字辈，光字辈，昌字辈，胜字辈，秀字辈。目前黄氏家族中最年老的字辈是通字辈，截至今日已到胜字辈。"③ 只是我们无从去考证这个故事，因为麻料村没有杨姓，控拜村附近才有杨姓。

---

① 访谈对象：黄LS，男，47岁；访谈时间：2019年6月10日；访谈地点：黄LS家堂屋。

② 访谈对象：黄TR（男，78岁）、黄TD（男，75岁）；访谈时间：2019年6月5日；访谈地点：麻料村村口凉亭。

③ 访谈对象：黄TQ，男，68岁；访谈时间：2019年6月5日；访谈地点：黄TQ家中。

（三）潘氏家族

潘氏家族其规模比其他两个家族小一点，大概有20多户，100多人。对于麻料潘氏家族，是最难展开调查的。一方面是潘氏家族小，老人少；另一方面是潘氏现在在村里居住的人较少，调查过程中很难遇见潘家人，因此对潘家的族源历史只有一个粗略的了解。

据村主任潘GX① 介绍：潘家迁徙到麻料，可以追溯的有六代人，分别为：

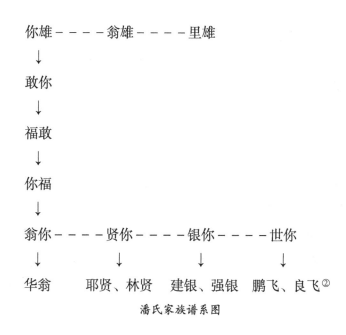

潘氏家族谱系图

潘氏迁到麻料村比其他两个家族晚一些，人数也比两个家族少。潘氏并不是与其他两个姓氏一样从排羊大塘迁过来的，而是从台江台盘台水迁过来的，其先祖姓名也无法得知。因潘家人数太少，且不在家，多次调查均无法找到人访谈，故该部分的资料欠缺，留待后续回访再进行资料补充。

———————

① 访谈对象：潘GX，男，47岁，麻料村村支书；访谈时间：2019年6月7日；访谈地点：麻料村村委会办公室。

② 笔者根据与村支书潘GX访谈后所进行的资料整理。

第二章　历史与现状

一、历史沿革

麻料村寨本来的苗名是Dlongs Maf Liod，意为"杀牛坳"，起名时直接用了苗名的音译，也就是麻料。从字面上理解杀牛坳指杀牛的地方，但为何杀牛，却出现了杀牛坳的三种来历说法。

故事一：

在两百年前，有一个台江南刀的姑娘嫁到麻料，后来因纠纷女方闹离婚，但是男方不愿意离婚，寨子老人调解无效后，经商议讨论，决定用另一种方式来解决这一矛盾，即双方先出资买一头牛，在男方家宰杀，双方协定，把牛杀死后牛往哪边倒就是哪一方的过错。牛杀死后，男方女方家吃一顿后，协商一致，就把事情解决了。后来因为这个事，就有人把这个地方叫作"杀牛坳"。

故事二：

在很久以前，台江县台拱镇的一个姑娘嫁到麻料村，但是女方家嫌弃麻料是从排羊大塘迁过去的，看不起，担心没土地没钱。女方家想要拒绝婚事，让女方回娘家，男方家坚决不同意。女方家提议用金钱来赔偿，但男方家却提议由女方家出钱买牛来杀，按人头过称来确定杀牛的数量。女方家商讨后，害怕无法做到，想要妥协让女方留在男方家。女方家举全族过来麻料，当时麻料真的很穷，男方没饭菜招待女方族人。于是男方家决定把牛当猪来杀，用来招待女方族人。当时有一个县城公办人员，跟女方家说，你们来要人，人家还杀牛招待你们，你们说人家好不好心。既然这样，那不如把这里称为杀牛坳算了，于是有了这一名字。

故事三：

以前，控拜有九个寨子，势力大，麻料的祖公搬到这里都是要拿银给他们买田买地。控拜经常把牛拉到这里来杀，所以就被称为杀牛坳。

当地人大多认可第三种说法，第一个杀牛的故事有些神话的色彩，第二个和第三个故事侧面反映了麻料曾经的历史，由于麻料先祖是从外面搬过来的，只能向当时势力庞大的控拜买田地，生活比较艰苦。控拜把牛拿到麻料来杀，也反映了当时控拜对于麻料的威慑与控制。

图2-1 麻料村指路碑

关于麻料的行政建制，据文献记载，最早可追溯到清朝雍正年间。据《雷山县志》记载：雍正七年十二月，置丹江厅，以都匀府通判驻丹江，加理苗同知衔，为雷山设置之始。同月初八日，奏准设丹江营，驻参将1

名，属古州镇辖管，分左右营，左军守备署驻大丹江，右军守备署驻鸡讲。①

乾隆三年，震威堡管辖南刀（今属台江县）、新寨、乌高、白高、乌杀、麻料、开觉、乌仰等附近苗寨。百户和总旗主要负责这些苗寨的纳赋派捐，社会治安。②

民国三年，改丹江厅称为丹江县。设县知事1员，建知事公署；设团，置团首1人。团之下设牌或甲，置牌长、甲首。

民国二十年，撤保甲，改置乡、镇、闾、邻。乡镇以上设区，隶属于县政府。全县分为6个区、28个乡镇，五区驻平寨。辖培塘镇（今营上村）、西江乡（今西江镇）、震威乡（今开觉村）、乌尧乡（今乌尧村）、凤祥乡（今方祥乡）、健平乡（今凯里市排乐及西江镇北建村）。麻料村隶属于大沟乡，距乡政府（大沟乡）驻地东北6公里。有小学1所，教师2人，学生68人。

民国三十年，以丹江河为界线，将丹江划分给台江县和丹寨县管辖。麻料村划归为台江县。

民国三十三年，设立雷山设治局，雷山恢复县治。麻料村又划给丹江县震威乡管辖。③

1950年10月，建立雷山县人民政府。雷山县辖3个区、7个乡、2个镇、64个村。

1953年3月，实行"民主建置"，重新划分行政区域，将7个乡、2个镇改划为34个乡、2个镇。麻料、控拜、堡子三个村合为新龙乡，归西江镇管辖。④

1958年人民公社化运动时期，行政村改为生产大队。麻料村与控拜、

---

① 雷山县县志编纂委员会：《雷山县志》，贵阳：贵州人民出版社，1992年，第7页。

② 李国章、吴玉贵、唐千武：《雷山屯堡文化》，贵阳：贵州人民出版社，2017年，第63页。

③ 雷山县县志编纂委员会：《雷山县志》，贵阳：贵州人民出版社，1992年，第44—45页。

④ 笔者根据老支书黄TD的口述资料整理所得。

堡子合称为控拜生产大队。

1959年撤销雷山县建置，与炉山（今凯里市）、麻江、丹寨合并建立凯里县。[①] 开觉乡、新龙乡合称开觉生产管理区，仍称西江公社开觉管理区。

1961年7月，恢复雷山县，以原开觉管理区区域建大沟人民公社。1984年7月，贵州省人民政府批准该公社为乡，称大沟乡。

1980年麻料村成立第一届村委会，成立第一个党支部，选举第一届村委干部。[②]

1992年，遵照贵州省人民政府关于"撤区、并乡、建镇"设置指示精神。西江区并其他乡，改为西江镇。麻料村隶属于西江镇一个行政村。

二、现代化境况

麻料村西江至排羊旅游公路穿寨而过，离西江景区仅有15公里，雷山到本村仅35分钟，去台江县仅30分钟，去凯里也是30分钟，实现了黔东南半小时经济圈。

麻料村内现今有三条主干道，主干道从寨口贯穿寨间，均由水泥和青石板铺砌而成，全长4400米。以前没有扶贫工作队驻村时，道路中间部分是泥土路，下雨天易滑且脏、难行走。驻村工作组及村支两委向政府申请资金，完成全寨道路硬化工作，青石板水泥路修到每家每户家门口。进入村口，经古树群和篮球场，有三条岔路口。左侧有两条，分别通往大寨李姓家族和中寨黄姓家族；右侧有一条，通往小寨潘氏家族。大寨与中寨的分界线由一条主干道划分。除了贯穿于寨间，还成为麻料村村民农作时主要的行走线路，一直延续至田间地头。道路两旁设有排污沟，路面干净整洁，寨间无人时，村子显得格外幽静。

目前村内建有一个404平方米的村级活动室，一个篮球场，两个120

---

① 雷山县县志编纂委员会：《雷山县志》，贵阳：贵州人民出版社，1992年，第26页。

② 笔者根据黄TD、李YC的口述资料进行整理所得。

平方米的人饮工程蓄水池，一个70平方米的消防池，三通（通水、通电、通车）正常。随着麻料村知名度的扩大，一些去到西江旅游的游客也慕名来到麻料游玩，随着旅游业的发展，全村已开设13家银饰工坊、5家农家乐。村内有2家小卖部，主要出售一些日用品。由于大多数村民常年在外经营银饰店或者在银饰店打工，村里耕作土地的劳动力缺失，加上经济富足，蔬菜和水果几乎都是通过购买获得，每天下午两三点一辆小货车就停在村口，车上装的都是村民们日常需要的蔬菜和季节性水果。村里没有药店，只有一家卫生所，村民说卫生所里没有人上班，年轻的医生因为卫生所报酬低，都纷纷回家另寻工作了，如果有个头疼脑热，距离最近的卫生所和药店也在离麻料村20多公里的开觉镇上。村里网络覆盖率100%，笔者到村里做调查的第一天，就遇到了阿里巴巴的线上销售团队在银匠潘SX的店里进行网络直播，我们震惊于一个传统村落已经与外界接触得如此频繁，甚至走在了时代的前沿，主要还是得益于麻料的银饰锻造技艺。据了解，在之前热播的《芈月传》电视剧中，有1/5的银饰品都是麻料银匠代工。

图 2-2　寨内篮球场

图 2-3　寨间道路

第三章　婚姻与家庭

一、婚姻与交往

婚姻，泛指适龄男女按照婚姻法在经济生活、精神物质等方面的自愿结合，并取得法律、伦理、医学等层面的认可，一方到另一方家落户成亲，共同生产生活的一种社会现象。在婚姻缔结中形成人际间亲属关系的社会结合或法律约束。根据观念和文化不同，婚姻通常以一种亲密或性的表现形式被承认，以婚礼的方式来宣告成立，双方家长称"亲家"或"姻亲"。

人类社会的生存与发展离不开两个重要的因素：一是生产生活的物质保障，另一个是家庭种族的延续，而婚姻的缔结则在这其中起到了关键性的作用，婚姻的缔结调整了生产劳动力，也使得人类的繁衍和种族延续得到了保证。

（一）两性的结合

通过调查和访谈，我们可以将麻料村的婚恋类型分为两大类：

1. 自由式婚姻

"偷亲"，苗语称（Niangs niangb），即"游方"之意，是麻料村青年男女结识的传统方式。即青年男女经过对歌传情，互相了解之后，若情投意合，便交换信物私自许下终身大事，然后商定嫁娶日期。到期男方家准备些糯米饭、酒肉和鱼等礼品和一定数额的现金，发给女方送亲的姑娘们作为"草鞋钱"，邀请寨子上的青年五、六人去接。姑娘也准备好衣物、银饰等物品到约定的地点去等候，待父母睡觉之后即可起程。女方一到男方家便举行婚礼，杀猪办酒席宴请亲朋好友。之后，在男方家族中请两名能言善语的兄弟或者叔伯，带一些酒肉、一只鸡去向女方家报信，若女方家的父母认为这门婚事般配，便欣然地接待前来报信的客人。有些人家认为这门亲事虽然不是很般配，但生米已经煮成熟饭，结婚已是既成事实，做错事的是年轻人，与报信人没有关系，也就照样的接待报信的客人，但日后彩礼钱可能会收得多一点。还有的人家得到报信后，坚决不同意这门亲事，把报信人拒绝在门外，虽然无损于报信者，但有把自己家的姑娘拉回去的可能。

半路酒，苗语称（Nix diangb），是"偷亲"的另外一种衍生形式。青年男女通过"游方"认识，多次交往，感情至深，愿意结为伴侣，男方便告知父母，若父母不反对，男方家就请媒婆到女方家说亲，女方的父母默许，便邀请双方父母在半路某处见面，亲自面议儿女的婚事。他们认为这样做，既直接又吉利。于是由媒人往返穿梭，择定良时吉日，商定地点，双方各邀请家族中的十余人在半路野外叙谈，共同商定彩礼钱（苗语称"Nix diangb"）数目，确定嫁娶日期。男方家须备糯米饭、糯米酒、鱼、肉等宴请双方的亲友。婚事谈妥后，双方亲友在一片热烈气氛中饮酒叙旧，频频举杯，觥筹交错，热闹非凡，共同祝贺婚事吉祥美满，日暮方散。①

2. 传统式婚姻

传统式婚姻包括父母包办婚姻和经自由恋爱双方父母认可的媒妁说亲婚姻，这种公开的在白天迎亲的接送方式，是苗族长辈所乐意的。其过程是男女父母为儿子相中了某一家的姑娘后，便请媒人到女方家去说亲，这种情况有的女儿知道，有的女儿不知道。不管女儿同不同意，都以父母的意见为准，即使反对，效果也不大。如女方父母认为门当户对，就答应联姻。如果女方父母认为不合适，那么男方去第二次说亲的时候，还是会被拒绝，这门亲事也就不成了，男方只能另择亲家。传统式婚姻，婚后多数幸福美满，当然也有少数人过得不如意而出现离异。

居住在雷山县达地乡也蒙、达洛一带以及桃江、桥港、排告、掌雷苗

---

① 岑应奎、唐千武：《蚩尤魂系的家园》，贵阳：贵州人民出版社，2005年，第108—109页。

寨的苗族，其婚俗与麻料村的不尽相同。新娘出嫁时，男方家中派两人去接亲和抬衣物，女方家由一男一女挑糯米饭陪伴新娘步行到男方家。接进门的当天，由一位长者或者祭师摆桌于门前，口念"白头到老""地久天长"一类的吉语迎候，堂上摆着猪头和酒肉祭祀祖宗。新娘初进门时，公婆不能见媳妇面，以防日后婆媳"反目"（苗语称Xit jub）。

青年男女结婚以后，通过"偷亲"来到男方家的新娘尚可在夫家住上十天半个月，因为"彩礼钱"没有讲妥，不能回娘家；属传统式明媒正娶的，接亲当天或者第二天就回娘家住。但无论哪一种方式，都有"坐家"（苗语称Niangb zaid moix）的习俗。逢年过节或者农忙时节，经夫家来人候接，才去到夫家住一、二十天（这是传统规矩，住长了怕人讥笑）。直到有了身孕以后，才长住在夫家，并要举行"端甑子"（苗语称Xuk xit gad）仪式后，才算夫家正式成员。此风俗主要存在于西江达地乡的部分苗族中。

中华人民共和国成立后，居住在城镇或者是参加工作的干部职工，婚姻形式有所改变，即先通过恋爱，互相了解，建立感情后，即登记结婚。但结婚不是绝对的自由，一般要与父母商量后才能定下来。

两性的结识是婚姻的开始，随着经济的发展和社会的进步，青年男女与外界的接触日益频繁，外出求学、打工增加了青年男女的地域流动性。受到城市开放观念的影响，苗族的青年男女结识不再通过对歌的方式，而是以地域或者共同的兴趣爱好为前提，许多青年男女都是在学校时认识或者通过朋友介绍或者外出打工结识。

传统的择偶标准为"门当户对"，即双方经济实力不能悬殊太大，"门当户对"的婚姻从外在的角度来看，会被亲朋好友视为是一桩美满的婚姻。当然也有一些家庭富裕的男子娶了家庭相对不富裕的女子，但很少有家庭富裕的女子嫁给家庭不富裕的男子。虽然门当户对的择偶标准依然存在，但越来越多的人开始通过互相了解对方的品行、家庭经济情况、对方就业情况、财力情况、家庭成员的具体情况等来决定是否要进行婚配，择偶标准因人而异。CF银饰工坊的银匠潘SX师傅在广西打工时，认识了当年才18岁的广西人梁姐，两人相识恋爱后，通过梁姐的考察，觉得潘师傅还不错，于是嫁到了麻料村，成了麻料村的外省媳妇，现在梁姐已经学会了说苗语，还会说本地方言，生活方式基本被同化了。另外一个案例，是在与村里的余JH老人[①]聊天时，余老人的回答正好回应了婚恋方式的变化：

问："奶奶，你以前是怎么和爷爷认识的？"

答："你爷爷啊 …… 以前都是游方嘛。"

问："奶，那你晓没晓得叔叔跟叔妈是咋个认识嘞？也是游方咩？"

答："没是，他们ki（方言，去的意思）外面打工认识嘞。"

（二）婚姻的缔结

两性在明确对双方有意后会再进一步发展，婚姻的缔结是两性身份的重新确立与符号象征。马林诺夫斯基认为，人类的需求可分为两种，即基本需要（生物需要）和衍生需要（文化需要），而婚姻的缔结是满足这两种需要最主要最直接的手段。马林诺夫斯基认为，婚姻的本质特征在于它是文化的、社会的属性。婚姻的缔结不是生理本能的驱使，而是"文化引诱的结果"，它的维持需要各种社会制度，如法律的、道德的压力作用。人类婚姻关系从根本上看就是为了满足种族的繁衍和延续的需要，是人类为实现这一目的而创造的一种手段或"文化替代品"[②]。婚姻作为一种事实存在，其历史的、现存的形式，被研究者冠以各类名目，诸如：杂婚、群婚、一夫多妻婚、一妻多夫婚、个体婚等，其本质内容都是"两性结合以继后世"，[③]"婚姻始终因民族的不同而不同"[④]，缔结婚姻时双方都需要交换物质资源，这是人类婚姻的交换意义的表现，而拦门酒、提亲、彩礼、聘礼等一系列习俗都是麻料苗族婚礼中必不可少的礼仪。

---

① 访谈对象：余JH，女，76岁；访谈时间：2019年6月10日；访谈地点：余JH家里。

② [英]马林诺夫斯基：《未开化人的恋爱与婚姻》，上海：上海文艺出版社，1990年，118页。

③ [芬兰]E·A·韦斯特马克：《人类婚姻史（第二卷）》，北京：商务印书馆，2002年，第33页。

④ 陈庆德：《人类学的理论预设与建构》，北京：社会科学文献出版社，2002年，第305页。

　　范·热内普对于仪式研究提出了"过渡仪式"这一概念，即"个体的生活不断地从一个阶段进入另一个阶段"。他把"过渡仪式"进一步划分为三个阶段，分隔礼仪（和以前的身份分离）、边缘礼仪（即中间的、过渡的阶段）和聚合礼仪（和新的身份结合）。边缘礼仪就是处于分离仪式和结合仪式之间的一个过渡的、中间的阶段。特纳将范·热内普的分隔、边缘和聚合的人生礼仪三阶段改称为阈限前、阈限和阈限后三阶段，并将研究重点放在仪式过程的核心：阈限，也就是过渡阶段。[①]特纳认为阈限并不是一种"状态"，而是处于结构的交界处，是一种在两个稳定"状态"之间的转换。在他看来，阈限阶段是一种模糊不定的时空，没有阈限前或阈限后的社会文化生活所具有的那些特征以及世俗社会的种类和分类，阈限阶段的所有成员是平等的，没有身份地位的差异，代表了平等，而阈限前后的阶段则代表着不平等。特别是从初识到孩子出生前，婚姻的仪式过程把异性双方的身份在阈限中展现得淋漓尽致。

　　青年男女从初相识到婚姻缔结组成家庭的过程可大致以结婚和孩子的诞生作为两个标志点。婚礼的仪式是婚礼过程的高峰，新娘与新郎从穿上婚礼服饰到婚礼仪式前，两人的身份是不明确的，两人处于一种"尴尬"的阈限状态。在没有举行仪式前，男方称女方为女朋友也不太适合，叫"媳妇儿"又显得有点早，热恋期男方为了追到自己心爱的女孩会表现得较收敛，大多听女孩的，相对而言女孩的地位较高，而在婚礼仪式中男女双方都是新人的身份，双方是平等的，婚礼仪式后当地家庭分工多为男主外，女主内，此时男方的地位要高于女方。

1. 仪式过程

　　前面说到"偷亲"的男女双方在属意后，一般女方在被接到男方家的第二天，男方父母就会打电话给女方家的父母，说"你们家的姑娘来我们家了"。过了几天之后，男方家就会派家族里的人去女方家报信，报信人一般是两个人以上。报信人会带着男方家给的一只鸡、一只猪腿、一二条

---

①　转引自梁宏信：《范·热内晋"过渡仪式"理论述评》，重庆邮电大学学报（社会科学版），2014年第4期。

烟、糖果和一挑米酒及糯米饭去提亲。有的人家会比较好说话，会告诉报信人让男女双方及男方家人来直接谈论婚事，不用男方多跑几次才同意。有的人家不同意这门亲事，就会直接将报信人赶出来，这时候男方就要派人多去几次，女方父母觉得男方非常有诚意，就会接受这些礼物，请报信人回家告知男方家的人，他们已经知道了，第二天男女双方、男方的父母和家族里面能言会道的几位长辈一同前去女方家谈论双方的婚事。

（1）提亲

按照麻料村的风俗，男方家需要请两个媒人、一个押礼先生①、两个管事来共同办理提亲事宜。首先男方家把鸡、烟酒、礼金、衣物、一把长雨伞交给管事，管事再去到媒人家请求媒人一起去女方家提亲，媒人都是男方家先邀请过的，所以管事再来邀请只是按照程序来办事，媒人并不会去拒绝管事的邀请。长雨伞由媒人伞尖向上伞把向下地背着去往女方家。来到女方家，女方的叔伯兄长都要到场参加提亲，人都到齐后，媒人便从女方父母开始，无论男女都要一一敬酒敬烟，三巡礼后，媒人表态说明自己是受男方委托来提亲的，女方家管事才在堂屋中摆上四方桌，请女方家两位媒人坐上席，男方家媒人和押礼先生坐下席，待众人入席后，才正式开始商量彩礼钱和娶亲日子等事宜。

（2）娶亲

娶亲是婚礼仪式中最为隆重的一项仪式。娶亲队伍由媒人（大媒公、二媒公）、押礼先生、娶亲父母②、送酒肉两人、背午饭两人③、新郎和伴郎共计11人组成，人数要求只能是单数。出发前男方家管事要在男方家堂屋正中央摆两张四方桌，下摆一张四方桌，待娶亲队伍一一上桌后，交代好娶亲事宜，娶亲队伍按顺序排队出门。

---

① 押礼先生必须是男方的亲哥哥或者亲弟弟，如若是独生子女，需找叔叔或者伯伯的儿子，即直系兄弟代替。

② 一般是由叔叔和叔妈或伯伯和伯母夫妻二人担任。

③ 一人背媒公午饭、一人背众人午饭。众人中途需要在野外吃午饭，主要是为了祭天地、神灵，也是婚俗中的一项必经程序。

不管去往女方家的路途远近，娶亲队伍中途必须在野外吃一餐饭，用餐地点一般选择平坦、开阔的地方，先祭拜天地神灵后方能用餐，希望神灵保佑一切顺利。用餐完毕，再按出门时的顺序走到女方家门口。同时，女方家管事也在堂屋正中央摆好了两张四方桌，下摆一张单独的四方桌。进女方家门之前，女方家会派年轻人来接东西，还会在家门口摆拦门酒，一般都是给娶亲队伍及新郎喝，喝两碗酒，吃一块肉方能进门。进家门之后，去新娘的房间接新娘，这时新娘的伴娘、家人都会来"闹"新郎和"为难"新郎及随行的接亲人。女方媒人要敬男方家娶亲人员烟酒，三巡过后，由女方管事唱敬酒歌，先敬男方媒人，媒人必须唱完答谢歌才能坐下。稍后，男方媒人把提亲时女方要求的彩礼、酒肉、衣服等物品向女方媒人交清。清点完物品后，新郎和伴郎要在堂屋正下方进行跪拜，一边跪拜一边念诵新娘家亲朋好友的称谓。

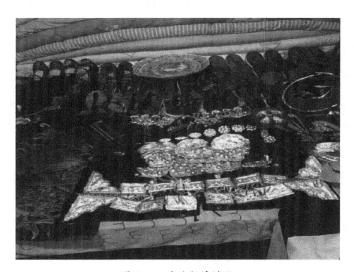

图 3-1　苗族新娘嫁妆

第二天早上，新娘父母要清点嫁妆、亲戚朋友送的礼物，并要大声报送给男方。新娘的父母还要给男方家前去娶亲的人每人两三元辛苦费，以示答谢娶亲人员的辛苦。然后新娘的父亲要给代替新郎父母的娶亲父母敬酒，请对方善待自己的女儿。待饭菜上桌后，男方媒人要用自己背去的酒敬女方父母。吃完早饭男方媒人要唱"返程歌"，女方家把嫁妆、衣物、酒肉、伞放在桌子上，伞把必须朝外，表示客人要走了，双方再次对歌，当男方媒人唱完答谢歌，新娘就要离开家了，娶亲队伍跟着新娘，随后是送亲队伍。一般新郎新娘都会在村口等到吉时，才在家人的带领下进男方的家，新娘在走的过程中，新郎家也会派有一位小姑娘帮新娘撑伞。

在麻料村，婚宴还是比较丰盛的，一般都是20碗左右的肉菜，猪肉、鸡肉、鸭肉、鱼肉都有。去女方家接亲时，男方娶亲人员均有女方家相应身份的人员陪同入座。而新娘到新郎的家之后，新娘则暂时不能入席，先由之前撑伞的小姑娘把食物拿到新房里面与新娘同吃，到了后面正餐的时候，新娘才会换上敬酒服和新郎一起去给亲戚朋友敬酒，婚宴上以对歌的方式你来我往，热闹的气氛会延续整个晚上。

在麻料村，姑娘出嫁，女方母亲会给女儿准备一套结婚盛装，盛装包括手工绣的苗衣和一整套银饰，从女儿出生开始就要为打造的银饰做准备，银饰包括银帽、银角、银梳子、银圈、银项链、银戒指、银耳环、银手镯、银胸针等等（见图3-1），对于普通家庭来说还是有一定的经济压力。在新娘的家，新娘穿自己母亲做的盛装，到了新郎家会换上新郎家所准备的盛装。与新娘服饰不同的是，新郎的服饰比较简单。在以前，新郎会穿黑色的苗衣，步行去到新娘家接亲。现在新郎会穿西装、皮鞋，抱着鲜花，开着轿车去接新娘。新娘的弟弟或者哥哥给新娘撑伞，拉着新娘的手送她上车，上车之后新娘的哥哥或者弟弟就会把伞交给新郎关上，寓意着：我把我妹妹（姐姐）交给你了。

（3）回门（苗语称Diangb daid pik）

传统上，苗族男女结婚日并不是夫妻建立新家庭的开始。新娘还需要"回门"，新娘回门有两种情况：其一，拜堂结束正席后，新娘即随所有送亲人返回新娘家。其二，不管男女双方距离远近，女方送亲人都要在男方家住一晚，第二天返回。新娘则需在夫家住满13天后才回门，期间夫妻不得同房，新娘由小姑陪宿。不管是哪一种回门仪式，妻子回到娘家后，丈夫都只能在过年过节时去接妻子回到夫家小住2-3天，即"不落夫家"。接新娘时，丈夫要请二人陪同，带上一盒饭和一张牛皮，象征感情笃厚。"不落夫家"是母系制社会向父系制社会过渡阶段的一种婚姻形态，主要源于新娘婚嫁时年龄较小，女方父母也缺乏对女婿的人品、能力等的了解，担心女儿嫁错丈夫而终身后悔，因此婚后女子要回到父母身边继续生活劳动。如果父母对女婿之后的表现不满意，就会有意识地让女儿扩大交往圈，只要未怀孕就可以另觅对象。现在麻料村的年轻人都是自由恋爱，择偶意愿完全自主。DX农家乐的李SH说现在的年轻人结婚后"回门"已经变成了一种象征仪式，回门回的是新娘和新郎两个人，没有时间的规定，有时间就回，没有时间就晚一点回，会带点礼物，礼物没有什么讲究，如果家里条件好的话，可以带一只猪腿、糯米饭、米酒，如果家里困难，可以带一只鸡、米酒等都可以。

2. 通婚圈

通婚圈是指适婚青年可能选择配偶的范围以及择偶的自由度，一般会从地域范围和族群范围的维度去考量。婚姻圈在直观表现上，就是通婚的范围。婚姻不仅仅是夫妻双方的事，还关系到本家和姻亲群体之间重要的社会关系。当地一直有着同村不能结婚的集体意识，李GZ老人[1]说："就是本村里没可以开亲，其他的都可以嘛！这没有哪样讲究嘞。在30多代前，黄和潘两姓从李姓分出去，据说是因为当时三姓本为李姓，后来因为贫穷，土地紧张等问题，李氏某些人家改姓改为潘黄两姓，现在村中有六户黄姓和六户潘姓本姓李，其他潘姓黄姓跟李姓没太大关系。后来大家讲三个姓都是一家人，都是兄弟，所以没兴开亲。"三姓都是兄弟，因而村内不开亲，从中可以看出当地人的通婚圈受到道德伦理的约束，麻料人世代谨记祖先的规约，三姓之间团结，谁都没有打破这种规约。

同时异性双方的生肖属性对人们的择偶也有一定的影响，余JH老人[2]说："八字个（方言，发国的音）没要，只要看出生属哪样，像我媳

---

① 访谈对象：李GZ，男，76岁；访谈时间：2019年6月12日；访谈地点：李GZ家里。

② 访谈对象：余JH，女，76岁；访谈时间：2019年6月10日；访谈地点：余JH家里。

妇属牛，我儿子属鼠，牛不吃老鼠，如果是老虎和兔子这些都没可以啊。如果这两个人真捏想在一起，拿点米跟点点钱去喊师傅改命，改得好嘞话就可以结婚。"

此外，地域的远近也会对通婚产生一定的限制，李SX老人说："以前有个古老话讲'姑娘去找个婆一二十里路左右，不能去远。'去的远的话，人家（夫家）要是招呼（照顾）你还有人管，要是没有人招呼你我们也离得远，阿个（方言，发"过"的音）我们嘞舅爹舅妈来没到看你，别个打你也好，他靴（方言，"推"的意思）你也好，侮辱你也好，我们都没晓得，就怕你们去的远。以前雷山的只有两个嫁来这点，现在嘛就远啦！我们以前没有哪个男的过来（入赘），现在我们村也没有这种情况，摆（说）起来是因为你（男的）过来，全部都是孙仔，若不都是家里头一个姓，你一个来，你一个单独一个姓，这种没好，所以老人都讲不要去那个（入赘），像真正你没得锅（方言，发"哥"的音，指哥）弟，你没得舅爹，那个你就走（嫁去）附近点，五六里路这些就算了，你不要去搞那个来，现在我们寨子上没有一个姑娘要男嘞过来。"[1]

为了进一步了解麻料人的通婚圈，笔者对一些女性长辈进行了访谈，麻料村的女性长辈大多数都是从邻村嫁过来的，几乎都是来自控拜、乌高、脚高、九摆、排羊等周边几个村子。随着交通的便利，经济的发展，通讯的发达，现在的通婚圈已经不断扩大，村里的儿媳妇多从外乡镇或者外省嫁过来，比如四川、凯里、遵义等地。

在历史的进程中，麻料村曾先后与邻村控拜发生过矛盾，"战争"是否对两村的婚姻圈有影响呢？李SX老人说："麻料村在70年代下半年阿港（方言：那个时候）发生了一次大火灾，这次火灾烧掉了麻料村大寨的好多房子，只有四家没有被烧，然后政府给一家50棵木头立房子，但是讲实话这50根木头咋个可以起一栋房子，大家为了起房子，所以偷偷去拿了邻村的一些木头，然后跟那边闹过，还有阿时候两村之间相互抢夺食

---

[1] 访谈对象：李SX，男，85岁；访谈时间：2019年6月13日；访谈地点：村委会一楼会议室。

物（如挖蕨粑）时会引起一些斗殴事件，以及后来因为和控拜争夺中国银匠之村的头衔而上过法庭，虽然这种，但是两边还是依然通婚，两边不会因为这个没来往，在这期间从控拜嫁过来的大概有10多个将近20个，从这儿嫁过去控拜的也有10多个人左右。"[1]

麻料村与控拜村离得很近，两村之间只隔着一条小溪，控拜村是麻料村的子寨，两村属于母子寨关系。通婚在一定程度上又促进了两村的和谐共处，女人在这个过程中扮演了重要的角色，发挥了积极的作用，她们就像润滑剂，婚姻的缔结使得两村在不合时期关系得到了缓解。

3. 彩礼、陪嫁及其变迁

新人喜结连理，男方会送来彩礼，姑舅表亲等亲属也会送来一定的彩礼钱。

同时女孩外嫁，自己的父母也会随一份陪嫁。现在女儿出嫁，除了一套盛装，还有鞋子、四件套或八件套的被褥、生活用品以及家具（电视、冰箱、沙发、衣柜等）。

村里的陈CW老人[2]说："麻料村这里以前都不能开亲，我们有三个姓氏：李、潘、黄，从以前到现在都是亲兄弟，所以从老祖宗那一辈传下来的人到现在都是不能开亲的，而我家里的媳妇儿都是从外面嫁进来的，我们家在娶媳妇儿的时候，一般媳妇儿的娘家都会给陪嫁的东西，这些东西都是整套整套的衣服、银饰、家具（电视、冰箱、沙发、柜子等）过来给他们的姑娘。而我们自己家嫁女儿也会这样，我们会收彩礼，彩礼一般在两三万左右，而这些彩礼钱我们都会去买东西给女儿作为陪嫁物，而不是自己留着。现在年轻人的话就讲究要银饰、要钱，近两年来就要陪嫁，陪一些家具，例如衣柜呀，沙发呀、饮水机呀。我们的姑娘去他们家我们就要给陪嫁，他们的姑娘来他们给陪嫁，现在大家都是相互学习（指看到别

① 访谈对象：李SX，男，85岁；访谈时间：2019年6月13日；访谈地点：村委会一楼会议室。

② 访谈对象：陈CW，女，63岁；访谈时间：2019年6月12日；访谈地点：麻料村小卖部门口。

人家送陪嫁自己也跟着）。以前我们老的这批没有这些，我们嫁过来的时候穷，没有这些。以前的彩礼有的人多的要50块钱，少的要20块钱，而现在都是7万8万的，有一些要多的要10多万，然后剩下一些给舅舅，交给舅舅，舅舅就知道养头猪大一点，女孩出嫁了，要礼喝酒。舅舅送的礼随便他送什么，有的送银饰，有的送钱送猪。"

以前女儿出嫁，父母准备的嫁妆是一套华丽的银饰盛装，女子出嫁时穿上，这套华丽的盛装由父母亲合作完成，父亲亲手打制银饰，母亲从小给女儿绣制服饰，寄托了父母对外嫁女子的美好祝愿与思念。近几年来随着生活水平的不断提高，经济收入的不断增长，有的父母在女儿出嫁时还会送各种陪嫁，希望女儿到了别人家过得好些。嫁妆即新娘在结婚时得到家里的一部分财产，事实上就是新娘提前得到的父母的遗产，这份遗产随着婚礼会被转移到夫家。[1] 由于在苗族地区流传着"蝴蝶妈妈"的故事传说，以及苗族女性在两性结识上不受家庭限制，因此许多人认为在苗族地区男女地位相对平等，但实际上女儿在家中的地位仍然不及儿子。女儿不能参与父母财产的分割，财产由儿子继承，所以一定程度上嫁妆是父母对女儿的补偿。随着家庭经济的增长，这种补偿不断变得多样且厚重。正如前面提到的陈CW老人所说，现在大家都是看别人送，自己也跟着送，某种程度上女孩子的嫁妆是家庭富有的体现，嫁妆越厚重越能体现家庭的显赫及在当地的经济社会地位，在某种程度上讲女儿的嫁妆象征着家庭的面子，在集体意识的影响下各家为了面子，再贫穷的家庭也要为女儿置办一套嫁妆。

以前的彩礼钱没有现在的这么多，有的父母会把彩礼钱折合成陪嫁，有的会退一些回去。此处所说的彩礼指新郎或其家庭为了获得与新娘结婚的权利而支付给新娘里的补偿，包括物品、金钱等。[2] 在当地，嫁出则从夫居，那么对于娘家而言则是劳动力的外流与缺失，女人的劳动力及其生育的子女都归男方所有，因此男方以彩礼的形式作为赔偿，收彩礼的

---

① 庄孔韶：《人类学概论（第二版）》，北京：中国人民大学出版社，2015年，第264页。

② 庄孔韶：《人类学概论（第二版）》，北京：中国人民大学出版社，2015年，第264页。

多与少由女方决定。另外一位李F阿姨说到自己女儿三十岁还没结婚时，表现得很着急。当问到女儿结婚打算收多少彩礼时，李F阿姨说会收三、四万彩礼，然后用彩礼钱给女儿置办嫁妆。李F阿姨所说的三、四万显然是保守的数字，实际的数字不会低于三万，大多数时候女方会根据男方的经济情况来定。这个依据来源于村口公告栏里贴的公告：

一、文明办酒

（一）办理范围

1.结婚酒。结婚酒席操办须是本人或其子女初婚，不能以任何借口或理由为他人操办结婚酒席；复婚不准操办酒席；再婚除初婚方可操办酒席外，另方不得操办。

....

....

礼金规定

....

2.抵制高价彩礼：倡导文明新风，不要或少要彩礼，彩礼不得高于3万元。倡导适度办婚礼、节俭过日子，摒弃搞攀比、讲排场的不良风气，自觉抵制高额彩礼攀比、鞭炮滥放污染环境，大办宴席铺张浪费，力戒恶俗闹婚，力求婚礼仪式简朴、氛围温馨。

（二）违规处理

1.对违规办酒席、超标准收取礼金、索要高价彩礼的，责令退回礼金、彩礼，并处违约金3000元。

....

从公告栏里的几条针对结婚彩礼的规定可以看出，此前高价彩礼的风气已经在村里蔓延，对于有儿子要娶媳妇儿的家庭而言，彩礼已经成为极重的经济负担，影响了村民的正常生活。原因在于一方面随着经济的发展，麻料村与外界往来频繁，大多数年轻人都在外求学、做银饰生意，这使得当地通婚圈不再仅限于周边村寨，而是扩大到其他乡镇或者外省，因此，彩礼的涨幅会受到其他经济较发达地区的影响；另一方面在于麻料村虽然从行政建制上隶属于国家级贫困县 —— 雷山县，但由于祖辈都是银匠，靠手艺谋生，村里年轻人几乎都在外面自己开银饰店，有一定的经济收入，经济能力比周边的控拜村、乌高村强，因此结婚彩礼也呈现水涨船高的趋势。亲戚来喝喜酒送的礼相较而言还是比以前多，一般他们会根据自己的能力来备礼。

（三）离婚与入赘

离婚是指夫妻双方通过协议或诉讼的方式解除婚姻关系，终止夫妻间权利和义务的法律行为。在提倡自由恋爱的苗族地区，女性有权利离婚与再婚，但是却很少有人离婚与再婚，也很少有人入赘。以下是对村里银匠李SF老人[①]的访谈个案：

问："咱们村里以前可不可以离婚？有没有人离婚？"

答："可以，以前也有嘛。"

问："离婚嘞人多美多？你晓没晓得哪家离婚嘞？"

答："人也有一些还，以前有一家她老公死啊，她 ki（方言：去）外面找得一个，还带回家来，那个男的入赘她家。"

问："我们这点有那个入赘没？"

答："我们家没有，大家都没喜欢这个，一个男的去（方言：去；发音：ki）别个家，其他人会看没起你，主要是你太厉害了，她家会对你有意见，你没厉害人家又看没起你，你入赘了还要改姓，这种得罪人很，我们这边没兴搞这个。"

可见，在当地离婚与入赘的现象少之又少。若家里全是女孩，老人也不太赞同男方入赘，更多是希望女儿嫁得近一些。当地多为女孩嫁出，很少有入赘现象，在当地人看来入赘是一件不光彩的事，会让自己以及家人蒙羞，而且入赘男方会抬不起头做人，别人会用异样的眼光看待他。所以老人不赞同自己的儿子入赘别人家，也不赞同别人入赘自己家。

离婚是对家庭的解构过程，而入赘及再婚是对家庭的重构过程，家庭

---

① 访谈对象：李SF，男，82岁；访谈时间：2019年6月11日；访谈地点：麻料村村口凉亭。

的分离是社会的解构与重构过程。在当地离婚与入赘的现象并不普遍，离婚并不是件光彩的事，当地的妇女认为离婚是肮脏、危险的行为，会丢脸，别人会说三道四，会被其他女性有意识地远离与排斥。从两性的结识到婚姻的确定，再到形成社会结构中的基本三角，在后期的一系列结构与重组中大部分人还是会回到社会的基本单位——家庭中。

村里的李ML① 说："我们不支持自己嫁出去了的女儿离婚，再苦再累都不能离婚，离婚名声不好，包括我自己都没兴离婚。"虽然苗族妇女在家庭中的地位相对汉族较高，但大家为了面子、为了维护自己的家庭形象而不支持自己的女儿离婚，因为跟别人说自己的女儿离婚了是一件不光彩的事，在老人看来离婚是不允许存在的，若是两夫妻离婚，从婆家的角度而言，大家有可能会认为是女方不够好，以及娘家没有教育好自己的女儿。从夫家人的角度而言，离婚会导致外人对自己的家庭有负面的看法，如认为是家庭不和谐，有矛盾而经常发生争吵，从而导致离婚，因此会导致家人与外人在人际关系建立方面形成一定的障碍。为了维护与邻里之间的面子和家庭向外的形象，所以大多数人不赞成离婚。

（四）"光棍人数少之谜"

重男轻女的思想在中国一直占据着主流，少数民族也不例外，这就导致了中国男女比例严重失调，而高额的结婚彩礼又加剧了男性脱单的难度，特别是在一些经济欠发达地区，光棍人数有增无减。在去控拜村进行调查的路上，我们遇到了一位骑摩托车去雷山县城的中年人，他是麻料邻村的乌高村人，在外打工做装修行业，当问到是否结婚的问题，他叹气表示很无奈② ："让你嫁到这些地方来你愿不愿意？你一个晚上出来你门都不敢出，你多听到几个人说话就算你是万幸的了。我说的是实实在在的，你看你来这点，再过几年你来这里哪里能看到人。再过几年你来这里有野猪

---

① 访谈对象：李ML，女，53岁；访谈时间：2019年6月12日；访谈地点：麻料村小卖部门口。

② 访谈对象：张WQ（乌高村乌杀寨人），男，36岁，外出务工者；访谈时间：2019年6月13日；访谈地点：麻料、控拜、乌高三村交叉路口。

了有老虎了，你还敢来这里？到时候你跑都跑不快，野猪都还吃人嘞，半天能听到一辆摩托车就不错了这些地方，上次我来这里等了几个小时没看到一部车。说得难听一点就是这个地方还跟不上时代，城市里面的人他就来看这个跟不上时代的地方。现在都是光棍的多喽，现在乡下都是光棍的多喽。比如说你就是这个村的女孩，你还愿意在这里？你肯定也想办法跑出去。我跟你说，你年轻人男的跑出去，你去外面谈来了一个女朋友，人家一来到你这地方一看，心都凉了半截。比如我是女的，我一来看对面那些地方哪个在那些地方坐得住，是吧。现在的人都在广东深圳那些都是看花花世界的人，她来到这里一眼望去心里肯定就不是滋味了。她越想越不是滋味就跟男朋友拜拜了，电话卡一换，你人都找不到了，对呀，好多的都是，你看那边的人带到这边来这里过年，一回去，过几天女朋友就不见了，电话卡一换人找不到了。"

这是当今很现实的问题，择偶的高标准让男性所承担的压力越来越大，但是麻料村的光棍人数很少，远远没有别的村光棍的人数多。麻料村距乌高村大约两公里，两村离得很近，但是两村的经济发展水平差距却很大，乌高也有银饰，但是发展得没有麻料村好。麻料村有"银匠之村"的称号，在1978年当地实行家庭联产承包责任制之前，麻料村的经济水平相比较周边村落也较高，当时麻料村人能有剩余的资金去购买邻村的田地。李SQ①告诉笔者：

"在我爷爷的父亲那一辈我就不知道了，我就知道我爷爷他们这一辈的在我们这个寨子是很富有很富有的，我们这个银饰有一个非常好的特点就是可以用来治病，以前小的时候我不知道，现在才明白。所以我们这个苗族的银饰是很有特点的，但也只有我们这里的银饰是最好的，因为我们这个寨子每一家每一个师傅都会，而且都会提炼。我们从国家拿来的银子，拿来自己会提炼，我们银子的纯度是很高的，无论你走遍整个黔东南，还是湖南、湖北、广东、广西、云南、四川，大部分都是从我们这个

---

① 访谈对象：李SQ，男，37岁；访谈时间：2019年6月14日；访谈地点：李SH家。

寨子出去的。还有听我们的老人说以前我们这个寨子，假银是绝对没有的，现在也没有，有也只是一种装饰品，一些年轻人拿来玩，拿来摆设，不是拿来出售。讲一个笑话，也是像吹牛一样，我们寨子的这些年轻人出去，他的工资一个月不低于一万以上，高的有两万三万，因为他有这个手艺。你不要看我们这个村看起来这么传统，这么落后，你看我弟他们这么小小个的，别说有车有房，他们都有的，他们的年收入在整个贵州来说，我们寨子还是可以的。像我这个年龄上去的发展得不全面，但是还是可以的，比如我的同学，虽然收入差距不大，但是相对而言我要比他们轻松一点。我们村大多数都是一儿一女，除了两个人是四个，我就是其中一个，我大的是女儿，下面是儿子，三胎是女儿最小的是儿子，虽然超生，但是我的想法是我有钱我养得起。"

李YC[①]也说："我们村现在个个都会打银，据我们统计我们这边出去打工的不超过5人，不从事银饰手工业这一块的不超过5人。我们小的时候，我们家都是请人干活的，以前我们是八几年九几年的时候在整个雷山县可能就是我们麻料村最富有，我们读初中的时候都是一个星期拿10块到15块是最多的，其他村只拿四块到五块。我们的祖祖辈辈或多或少还是有这个手工艺，那时候还算是万元富，现在寨子里面就是有170户，差不多150户都快变成万元富了。那时候万元富就相当了不起了，人家来拿饭都没得吃，那时候我们男孩子拿零钱来玩。我说一个笑话，以前觉高、南高、三棵树那边的人嫁到我们这边来，那边的老人就说：哎呀，你嫁到麻料那个地方，乡咔咔的，车子都不通一点都不方便。那些50多岁的伯妈她们回答：他们吃一顿饭的油都够我们一个星期的油了。"

影响择偶的因素很多，主要包括制度的结构、婚姻市场结构以及择偶主体的结构等等。[②] 当今社会许多女生的择偶标准为"三有"，即有车、有房、有存款，美好的爱情总要建立在面包的基础上。两性婚姻的缔结受到经济的影响，经济的收入受到能力的影响。当地人勤劳学艺，拥有较强

①　访谈对象：李YC，男，42岁；访谈时间：2019年6月14日；访谈地点：李SH家。

②　田园：《富民芭蕉箐苗族的婚姻圈与婚姻交往》，昆明：云南大学硕士学位论文，2012年。

的学习能力与技术能力，以前多以外出上门打银的方式挣钱，现随着乡村振兴战略的推进，当地因地制宜发展旅游业，通过乡村治理与振兴等一系列手段让村庄得到不断发展与完善，从而使当地经济在近几年持续增长，知名度也越来越高，麻料村也成为由始至终相对于其他邻村而言经济发展较快、光棍人数较少的村。

二、香火延续与财产继承

家庭是人类社会最根本性的单元，由婚姻、血缘关系或收养关系而形成的亲属间的社会生活组织单位。[①] 孩子的出生组成了社会结构中的基本三角形，不同地区的家庭形成了不同的家庭类型。默多克（George P Murdock）认为："家庭是一种社会组织，其特征有共同居住、经济互助和生育。它包括年长的两性，至少其中的两人维持一种社会承认的成年人的共居和性关系，并有自己生育的或收养的一个或多个孩子。"[②]

（一）香火延续与基本三角

"家庭（family）是一种社会集体，以共同相处、经济合作和繁衍后代为其特征。它包括了不同性别的成年人 —— 其中至少有一对可以发生由社会认可的性关系，以及这一对男女亲生的或收继的儿女。"[③] 男女双方结成夫妇并生育孩子，这只构成了社会结构中的基本三角中的一条线，男女间缔结婚约只构成了两个点一条线，另外一点及两边为虚线，这便产生了不稳定的关系。如果两个人结婚只是为了两性的享受，那么因为性爱的流动且多元性，这段婚姻是不易维持的。孩子是婚后维系夫妇间的纽带，三角形的另一个点是孩子。孩子的出生构成了社会结构中的基本三角形（见图3-6）。为了孩子当地人会下许多功夫，如求子、护子、认继子等。

---

① 黄平、罗红光：《当代西方社会学·人类学新词典》，长春：吉林人民出版社，2003年，第68页。

② 同上。

③ 庄孔韶：《人类学概论（第二版）》，北京：中国人民大学出版社，2015年，第207页。

1. 求子

（1）祭桥求子

苗族在历史上是一个在不断迁徙的民族，在迁徙的过程中会经历很多的苦难，如迁徙路途的遥远，在迁徙途中生活得不到保障，无法及时获得食物，因此生育后代就成了一件非常艰难的事情。出于对繁衍后代的极度渴望，而人们对自己无法生育的现象又不能作出解释，于是就把生殖的愿望寄托在土地庙、桥等灵物上。祭桥也是原始宗教的表现形式之一。

在麻料，夫妻结婚三年后未生育或者不生男孩的，人们便会去架桥求子。由于桥在日常生活中能够连接两岸，帮助人们渡河，因此桥也被麻料人视为沟通两个世界的重要媒介，孩子便是从人们看不到的世界踏着这个桥而来，桥能添子添福，所以他们祭桥的主要目的是为了求子。与其他苗寨所不同的是，麻料村的桥不是具有实用功能的木桥、寨桥、风景桥，而是架于自家门口或者溪沟旁具有象征意义的桥，不供人行走，主要是为了求子（见图3-2）。架桥用的木块只能是单数，民间常有"男单女双"的说法，而且多数求子的人实际上并非不能生育，而是为了求得一个男孩以继后嗣，延续香火。

图 3-2　麻料村村民架在路上的桥

关于祭桥求子，当地还流传着这样一个民间故事："传说从前有一对夫妇一直没有小孩，妇人说：'我第一次来你家那一天，那个水沟沟那里，有点碰石头，脚碰石头，是不是有什么东西挡到我，我不安心。'就想拿点香纸去烧。有个祭师就说：'那些小娃娃腿短，有那些小溪沟呀小河呀隔着啦，他们过不来，你们拿木头来垫到起，架个桥，小娃娃才会到你们家来。'他们就听祭师的话，真的去架桥了。来年的二月初二，这家人就有了小孩。后来有好多人家也想要子要孙就去学他们，祭师就告诉他们：'你们修好桥，要去拜，然后就去桥边捡两颗石头，捆在那个背带，叫那个媳妇背来家，就等于背孙背仔来'。"① 所以现在人们会在二月初二这一天祭拜桥，以求得子。

图3-3　黄氏家族的桥

农历二月初二，家家户户煮红蛋、蒸糯米饭、杀一只鸭子、带上没有放盐的鱼、香纸等物品去到自己家的桥旁边，在桥的两头烧香烧纸。

图3-4　黄氏家族的桥

① 故事内容由麻料村李GZ老人口述资料整理所得。访谈时间：2019年6月9日；访谈地点：李GZ家中。

烧完香纸后会把红蛋敲破，把红色的蛋壳撒在桥的周围，摆上糯米饭、酒肉祭拜。回家后要把红蛋用蛋络子①给小朋友们背起来，背了之后就把它吃掉。红蛋类似于护身符，保佑家里的孩子健康成长。在祭拜时鸡蛋是不可或缺的物品，鸡蛋被视为有生儿育女的功能，实际上对蛋的崇拜也与起源神话"卵生说"有关。在桥旁边捡的石头代表着孩子，这是桥神的庇佑，让孩子从另一个世界来到这里，把石子带回家，孩子就会跟着自己走到家。②

　　有的夫妻，结婚多年没有生育小孩，就把桥架在家门口，希望自己的子孙能够跨过门槛来到家里。自己家的桥外人不能来祭，因为桥会把孩子渡到自己家来，如果外人祭拜了，孩子就可能去到别人家，这被视为是外人把得子的希望夺走了。村里的黄氏家族祖先们原来为了方便下田做农活，在溪沟上架了一个木桥，后来长时间的风吹日晒雨淋，木桥发霉腐烂，而那段时间黄氏家族的小孩经常无缘无故的病痛，就医也查不出个所以然。有一天晚上黄姓的一位老先生梦到了祖先，祖先就告诉他，需要去重新修缮木桥，并且在一旁设置一个土地菩萨像，每年都要去祭拜祖先，祖先就会保佑大家。于是老人把黄家的人召集起来商议此事，大家都同意集资修缮桥，并且在旁设置了土地菩萨像（见图3-5）。第一次祭拜时非常隆重，黄氏族人杀了猪祭拜"桥神""土地菩萨"。③此后每年二月初二只需要带鸡和香纸去祭拜。平日，孩子如果有小病小痛，也会去祈求神灵保佑自己的孩子。

---

①　蛋络子：用五彩丝线编织的装蛋的线网兜。

②　内容由麻料村李GZ老人口述资料整理所得。访谈时间：2019年6月9日；访谈地点：李GZ家中。

③　内容由麻料村李GZ老人口述资料整理所得。访谈时间：2019年6月9日；访谈地点：李GZ家中。

图 3-5　黄氏家族桥祭拜的土地庙

黄TD[①] 老人说以前祭桥是为了纪念祖宗修建桥的功德，歌颂祖宗为民造福的善行。但是大部分的村民还是认同祭桥只是为了求子，有些人并不知道关于祭祀先人的说法。从这里可以看出祭桥的主要目的就是为了延续香火，生育不仅仅是一种生理行为，由生育衍生出来的祭桥仪式已经变成麻料人的传统习俗，成了一种精神寄托。当地人对生育的向往，源于麻料先民的生存空间曾被极度压缩，为了生存和发展，极度的渴望最大限制地繁衍子孙后代。尽管现在村落变化巨大，但如今的麻料村民仍然尽力去保留"桥"和祭桥求子的故事，从中可以看出今时今日的麻料村民仍然保留着这种对繁衍后代的心理需要和向往。

（2）招龙求子

招龙节是西江镇控拜、麻料、乌高等村寨的隆重节日之一。招龙节苗语叫"弄勒达昂"，其意就是为本寨召回"龙神"，这种龙神是隐于万山塾中的"龙"。招龙节每13年过一次，时间是猴年（申年）二月的猴日。

---

① 访谈对象：黄TD，男，75岁；访谈时间：2019年6月10日；访谈地点：土地庙旁。

据说麻料这一支系的先祖狩猎时来到控拜这一带，看到这里林木繁茂、土地肥沃、水源丰富、适于作物种植，于是定于猴年二月的猴日携带家族迁居此地。后裔们为了纪念祖宗迁居的日子，就定于每过13年的猴年农历二月猴日为"招龙节"。过节的前一天要举行仪式，即全寨男女老少要到离寨子几里的三个坡上去招龙，由一祭师念念有词地祭祀祷告。祭师念毕，将各家凑合的"百家米"从高地撒下，在下位的众人撑开衣角接米。经祭师之手撒下的米，称为"龙米"，也称"福米"。祭毕，人们用事先剪好的小白纸人和小三角旗沿路插回，半山腰有一群妇人举酒迎接，下山每人必喝，之后，各人将小白纸人和小三角旗收回家，将"福米"放在神龛香台上，算是把龙招引入寨，意味这样能使人丁繁盛，六畜兴旺，稻谷丰收，全寨能消灾免祸。第二天，要由鼓藏头选择一头大肥猪，指定一个子孙齐全、贤达有威望的人杀猪。猪杀好后，把肉切成小块，由鼓藏头组织大家按全支族户数，把肉穿成若干小串，放入一大锅中煮熟后分给各家各户一串带回家中，用此肉祭供祖宗。如果亲朋赶来过节，一串肉不够吃，则由自家另外杀猪待客，给客人送猪腿；如果一个家族杀一头猪祭祖，那是表示家族子孙团结和睦。村里李GF老人[①] 提到麻料的招龙节还有一套求子的程序：

"啊杠（方言，那时候的意思）我们麻料村招龙节都是去（音ki）坡上引来，引仔、引孙到芦笙场啊，有一些没好命没得仔没得孙嘞又叫那个老人去（音ki）芦笙场那点捡颗石头给她背回家，也是有仔来，都是这个意思。招龙节都是家家都男人去坡上喊，喊崽喊孙。喊来芦笙场（球场）那点，三边的地方都喊来集中了，拿来一箩的米去撒才喊来。喊来剩下嘞那个米可能剩两升米，就拿来撒在球场，各个也拿衣服去接，接得那个米，就等于是财喜啊、孙孙啊。"

（3）借桥求子

麻料村还有借桥求子的习俗，该习俗源于苗族古时的母系制度，黄

---

① 访谈对象：李GF，男，76岁；访谈时间：2019年6月13日；访谈地点：李GF老人家中。

TD老人①说："门口那个桥等于是孙仔来到家，去（发音ki）外兜、河边背来家，有一些家就讲等于是舅舅家有桥，姑娘从舅舅家嫁去啊，那个桥还接连到姑娘嘞一份，啊个姑娘就去舅舅家烧香就扯三根香，就引那个桥到门口去就安在门口，以后孙仔大了又嫁去别家捏，别家又来要去，他只能烧香，留三根香在那点又点三根香就喊跟我们去，喊了又来家又安在门口，杀鸭，拿酒拿糯米这些来敬。以后我们家门口有那种桥了姑娘出嫁，姑娘也同样来要去。还有一些家没安在门口，恰恰安在大门的里面，就等于是你结婚了多年来没有仔没有孙，安在那里，那些仔仔、那些孙才好捌（方言，"跨"的意思）过来。"翻译过来大致意思为："姑娘属于舅舅家的人，姑娘嫁人后可以到舅舅家去借桥求子，方法为在舅舅家所架的桥前面烧三柱香，桥会随着香火来到夫家，这时需在门口杀鸭、用糯米酒来供奉。另外，有一些人会在大门里面供奉，意为子孙可以跨过门槛来到家中。"

通过笔者访谈得知现在麻料村民已很少进行借桥求子，一些年青人更是全然不了解，原因在于村里年青人几乎都在外工作、学习，对世界的认知已多元化，现在人们对于生育更多时候会选择医学干预。

2. 认继子

村里的老人说当地有些人家多年没有孩子时，就会选择过继一个孩子来自己养，一般是在不得已的情况下才会选择过继，现在人们会先求助于医学的诊治，确定无法生育的时候，也会选择过继。而过继一般是从自家亲戚中开始寻找，例如伯伯或者叔叔的儿子，如果自家亲戚中没有合适的选择对象，就会从别的地方找，孩子领养的范围不受限制，随便去哪找都可以。老人说目前村子里只有一户人家领养过两个孩子，户主叫李GX，是乌高的一名老师，曾经过继过一男一女。截至笔者离开麻料村始终未在村里遇到李GX老师，因此未能对当地"认继子"这一习俗进行详述。

3. 护子

苗族人很重视子孙后代，重视家庭，没有生育能力对于家庭来说是

---

① 访谈对象：黄TD，男，75岁；访谈时间：2019年6月14日；访谈地点：黄TD老人家中。

一件大事。苗族人相信万物有灵，即相信所有物体都有神灵和未来的存在，当地人将祝愿寄托在石头、凳子、竹子上，以万物的力量保佑自己的子孙，从期待孩子的出生至孩子出生后的保护，当地人都以各种方法来呵护孩子的成长。前面我们提到，为了有下一代，人们会采取一定的求子方法，从而寻找心灵的寄托。伴随着孩子的出生，原本由两个点组成的线变为了由三个点构成的三角形，更具有平衡性，家庭结构更牢固更完整，因而在有孩子的家庭，人们会对孩子采取一定的保护措施，特别是刚出生不久的婴儿。孩子若哭闹不止就会请祭师来给孩子改名字。另外，人们为了求得孩子身体结实强健，会让孩子认石头为宝爷（干爹）。也有认人作为干爹的，认干爹要先由祭师测算孩子与认作干爹的候选人命理是否相合，为了让孩子好养，"认干爹"一般都喜欢找儿女较多或贫寒的人家，因为儿女多的人家不娇贵，反而容易养活、长大。大部分麻料人为了保护孩子，会给孩子戴长命锁、手镯等银饰。

图 3-6　麻料村社会基本三角形

麻料村人很热衷于戴保命镯（见图3-7），"保命镯"即保命的镯子，保佑人平安、健康长寿。苗族人对银饰有独特的定义，银除了成为装饰品之外还被赋予了一种神秘的力量。由于历代朝廷的战争围剿，迫使苗族成为一个迁徙民族，历史上苗族曾有五次大迁徙。[①] 正所谓"老鸦无树桩，苗族无故乡"，长期的战争使他们四处逃难，因此必须要带好自己的财产，而银本身就是财富的直接象征，于是苗族人都把银带在身上，银成了苗族人"穿戴在身上的财富"。

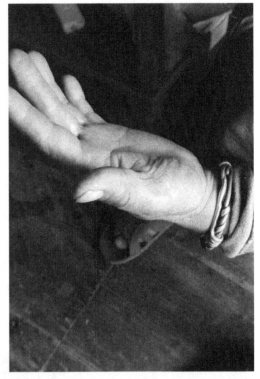

图3-7 李GZ老人的保命手圈

另外苗族人在逃难中，常常遇到各种危险，把银戴在身上，银能发出响声吓走野兽，而且银还能验毒，从而在心理上给人们一种安全感，于是在苗族人中就慢慢形成了一种信仰，相信银会保佑他们消灾避难、身体健康。虽然现在苗族人已经不用再四处逃难，但保命镯作为一种信仰，在苗族社区中得到了继承和延续，人们依旧会给小孩或者身体不好的人打制一些保命的手镯。

保命镯分为两种，一种是从小戴的，另一种是后来由于身体不好才戴的。村民认为人的命是可以衡量的，有轻重之分。在麻料人的神灵观念中，人去世后灵魂仍然会在村里游离，如果命轻的人遇到，就容易生病，

---

① 苗族简史编写组：《苗族简史》，北京：民族出版社，2008年，第16—24页。

或者经常没有力气，没有精神，所以要戴上银镯子达到驱邪、消灾除病的作用。保命镯分为手镯、项链和戴脚上的镯子。银匠李JX与笔者在访谈中就保命镯作了如下对话：

笔者："你们这里如果有人一直身体不太好，你们会戴一些银饰来保命吗？"

李："会啊，这些保命的手镯，脚链，项链，可以驱鬼、驱邪。鬼碰到你身上的这些手镯、脚链、项链就会害怕，就跑了。这个要先找个祭师先看一下你是适合戴在哪里。像脚腕上啊，手上或者脖子上，然后再打（打制保命镯）给你戴。要叫亲戚先去送礼，一个给一块还是两块，有了一点点，买不到这个（保命饰品需要的银），你自己再补。然后我们再叫一个家族的来喝酒，还要杀一头猪。叫人多命多来保。打这些保命镯是不能自己给自己打的。因为叫别人打才会给你保命。也不能随便叫一个人来打。要找一个多子多孙样样都好的人来打，多子多孙就福大命大，这样把他的加点给你，才能保命。才前几年我们村子里面有个男孩子在部队当兵。他在那里就感觉老是没有力气，做什么事也没精神，他就打电话回家告诉他妈妈说在部队感觉身体没什么力气，也没什么精神。然后他妈妈就去找祭师，祭师说你家这个孩子身体不太好，要给他打一只银镯子。后来家人就给他打好了镯子，寄到部队。后来他打电话回家告诉他妈妈说现在感觉身体有力了，人也有精神了。他之前身体不好这里面就是有问题的。"

保命的镯子、项链，一般不规定样式和图案，只需是真银，且要经过一定的仪式，便可成为保命镯。但给出生属相为猴年的人，出生月份是猴月的人，出生时辰为申时的人打制保命镯时则有不同的要求，首先，在材料的选择上，一般情况下要选择两种金属制作。其次，手圈的克数是按照一个人的命有几两去打造的手镯，命重的，保命手环就会轻一点；命轻的，保命手环就会重一点。原因是要用手环把猴子捆起来不让它乱跑，担心猴子从树上摔下来受伤或者摔死，戴上手镯就能让属猴或者猴月出生的人跳不高走不远，避免发生意外。①

银匠李GC师傅②告诉笔者："如果是要用来当保命的银饰品，那就必须要经过一定的仪式。第一就是要先拿自家的米去找算命先生，他会告诉你要戴在脖子上、手上还是脚上，戴手上或脚上就按男左女右的规则来戴。第二就是找亲戚送礼金。每个人多少送一点。第三是用礼金买银，然后找一个多子多孙，家庭、婚姻等各方面都比较好的银匠来打制。意思就是希望这个人能把自己的好运和福气都注入这个保命镯里，戴上镯子后希望自己将来也能像他多子多孙，长寿安康。如果你自己会打制，但这个保命的镯子是你自己的，那你也不能自己打。第四，选个吉日把保命镯戴上，还要杀猪然后叫上自己家族的人来吃饭喝酒。这个仪式就算完成了。"

《本草纲目》中有记载：银屑，安五脏，定心神，止惊气，除邪气。③银能让人保持身体健康，是有一定的科学依据的。现代医学也证明银在一定温度下能产生银离子，银离子可杀菌、验毒、提高免疫力。虽然在科学中能找到保命镯的合理解释，但在苗族社会里银已经被赋予了神力，这是一种祖辈流传下来的对于银的信仰。

（二）家庭、财产与老人

家庭的组合形成了群体，这种群体包含于初级群体中。所谓初级群体，又叫直接群体、基本群体或首属群体，其成员相互熟悉、了解，因而以感情为基础结成亲密关系的社会群体。④根据不同的家庭人数一般会把家庭分为不同的类型，随着家庭成员的增加，孩子的成长，一个家庭会面临"社会继替"的局面。随着时间流逝，不同家庭成员的角色会发生改变，在"社会继替"的影响下家庭财产也面临分割。

---

① 材料由银匠李JX师傅（男，54岁）口述资料整理所得，访谈时间：2019年6月5日；访谈地点：麻料村银饰传习馆。

② 访谈对象：李GC，男，76岁；访谈时间：2019年6月12日；访谈地点：李GC师傅家。

③ （明）李明珍：《本草纲目》，北京：中国古籍出版社，1994年，第八卷。

④ 郑杭生：《社会学概论新修精编本（第二版）》，北京：中国人民大学出版社，2014年，第149页。

1. 家庭类型

婚姻的缔结解构了两个家庭，同时又建构了新的家庭，婚姻的缔结与孩子的出生使得核心家庭向主干家庭流动，即在社会之中家庭形态是呈现动态的而不是静态的。家庭在发展的过程中可分为三种：（1）扩张；（2）分散与分裂；（3）取代。划分家庭的类型，可以根据不同的需要，采用不同的标准，划分为不同类型的家庭。

广义上的家庭形式，包括血缘家庭、亚血缘家庭（普那路亚家庭）、对偶家庭和一夫一妻制家庭。[1] 麻料村为一夫一妻制家庭（即专偶制家庭），孩子的出生，特别是儿子的到来使得家变为了扩大的家。儿子结婚后要承担赡养老人的义务，一般不会与父母分居，因此家庭由核心家庭变成了主干家庭。当地家庭类型基本上都是由"社会结构中的基本三角形"扩展而成的主干家庭。

19 世纪末，麻料村当地家庭人口较多，一般一户人家平均有五六个孩子，多数家庭是联合家庭。村民的主要经济收入靠走乡串寨打银为生，这使一部分村民有了财富的积累，能够购买土地，因此麻料村在19世纪末相对于附近几个村庄是较富足的，经济上能够自给自足。土地承包责任制后以及国家计划生育政策的实施，使得当地人口增长的速度变慢，联合家庭开始转向主干家庭，"因继嗣的需求，在实行长子或幼子继承制的民族中，长子或幼子成家后便留在父母家，这就属于主干家庭（嗣子以外的子女一结婚便独立出去）。这种家庭形态是与嗣子单独继承制相结合的，通过如此反复，作为制度体的家庭同家产一起按直系代代相传。"[2] 当地多为嫁后随夫住的习俗，女性的嫁入以及后期孩子的出生即为这个家庭发展过程中的扩张阶段。孩子长大后成家立业时大多数会面临分家问题，此时的家庭处于分散与分裂阶段。随着时间流逝，家庭中不可避免会面临社会继替的局面，父母的角色会被成年的儿女替代，便进入了家庭发展过程中的取代阶段。当地家庭很注重血缘关系，其中以父系血缘为主，虽然村庄

---

① 马克思：《摩尔根〈古代社会〉一书摘要》，北京：人民出版社，1978年，第9页。

② 庄孔韶：《人类学概论（第二版）》，北京：中国人民大学出版社，2015年，第266页。

里有李、黄、潘三种不同的姓氏，但大家都彼此视为兄弟，认为有一定的血缘关系，因此村内彼此不通婚。对于麻料人而言，家庭是稳定的私人生活空间，具有提供生理和情感上的满足、生育和养育子女、赡养等多方面的功能。对社会来说，家庭的贡献在于为社会进行人口再生产、完成文化传播和传承、协调人际关系，在某些阶段还执行社会生产与分配的任务，家庭功能是家庭存在的社会根基。

2. 财产分割与赡养老人

家庭是生产与消费的基本单位，是群体所有权的基础，但是这种所有权对于家庭中的所有成员而言是不平等的，如女儿不能继承田地家产。田地、土地、山林以及房屋地契是家庭的主要财产，处理土地等家庭财产的权利掌握在家长手中。随着孩子长大以后组建新的家庭，原生家庭要经历一次分散与分裂的局面，此时不可避免的就是财产分割问题，也就是当地人所说的分家，将财产传递给下一代是分家的重要内容。费孝通先生在《江村经济》一书中提出："家族"实际上也就是一个"家"的亲属关系的扩展。而"家"的规模大小是有两股对立的力量的平衡而取决的。一股要结合在一起的力量，另一股要分散的力量。这两种力量导致的亲属关系的扩展恰恰是通过姻亲关系来实现的。[①] 无论是在由结合力组建的家庭，还是在因分散力解构的家庭，家庭的主要功能之一就是赡养老人。在当地，女儿不参与分家产，女儿所获得的一份家产便是结婚时的嫁妆。若家中只有一个儿子，除了父母所持有的一小部分田土之外，其余都归儿子所有，父母去世后土地所有权归独子。若一户人家中不止一个儿子，一般长子成家后如果要求分家，父母会给长子单独建一栋房子，父母会跟幼子一起生活，这也预示着幼子对父母承担赡养义务，而相对应的就是父母所拥有的一小部分田土在父母无力耕种或者父母去世以后，由幼子继承。但如果幼子虐待老人，不承担赡养义务，父母或一方就会去长子家居住，田土所有权归长子所有。若家中爷爷还未去世，则家主依旧是爷爷，田地所持有者

---

① 费孝通：《江村经济》，上海：上海人民出版社，2006年，第34页。

为爷爷所有，再由爷爷按上述原则进行田土拥有权的分配。由此可见，麻料村的财产继承虽然以幼子继承制为主，但赡养的义务和继承的权利呈现的是一一对应的关系，即谁赡养谁继承更多的原则。实际情况是，麻料村人很少为田产、房屋居住权及使用权等财产分配问题发生纠纷，产生矛盾。毕竟，麻料村不是一个以农业经济为主的乡村社会，大部分年青人都在外从事手工业，开银饰店，如果儿子们都没有跟父母分家，则除去父母的一小部分田土外，兄弟之间再进行平分。事实上，儿子从经济独立开始，就承担着赡养父母的责任，直至父母死亡，这种责任仍在延续，主要体现在去世后、守灵、出殡、服丧等丧葬礼仪[①] 中。

老人去世后分别由儿子或者儿媳给父亲或者母亲穿寿衣，若没有子嗣，则由同辈、有血缘关系的同性亲属帮忙穿寿衣，寿鞋都是带花纹的深蓝色布鞋，通常情况下寿鞋由死者儿媳所做。

停尸守灵期间，儿媳必须身着盛装、佩戴银饰守在灵旁，其意有二：一是表示对死者的尊敬，二是老人去世后能够保佑孝子家境富有。在停尸期间，去世老人的儿子会请吹唢呐的人来吹八仙，唢呐只能在室外吹，需从老人去世后第二天开始吹到老人下葬以后。女儿则要请芦笙队，现在村里已经有专业的芦笙队负责丧事中跳芦笙，芦笙队的酬金一般都在上千元左右。如果死者儿女众多，就由几个儿子一起请吹八仙的人，女儿们也共同请芦笙队，费用分摊。但如果儿女之间意见没有达成一致，那么就各请各的。跳芦笙需在室内围着去世的老人跳，去世的老人超过70岁以上，村里人谓之"白喜"。意谓人活到这个年纪，福寿尽享了，儿女的孝心也已尽到了，死了也是自然之事，是去"升仙"了，不必为之过度悲伤，当然这是一种唯心的说法，目的也是为了宽慰亲人。村里遇到"白喜事"，村里人会一起来跳芦笙，以表达对去世老人的欢送。

出殡时，从抬棺前去下葬途中，都由去世老人的长子在前面引路，并且手拿着老人生前最常用之物，如CF银饰工坊的潘SX银匠在其父亲去世

---

① 下文中丧葬仪式的具体程序由麻料村黄TD、潘SX、李YC等人口述，经笔者整理资料所得。

时，拿着其父亲生前的烟斗在前面引路。这个捧物引路的行为也被认为是长子对父母那一部分土地继承权的事实证明，在这个过程中，不会有两个人同时捧物领路，这一角色具有排他性。奉行了捧物领路这一义务，也意味着亲戚朋友承认了其合法继承人的地位。

对去世长辈的赡养义务会延续到长辈去世以后，一般在葬礼举办完后第三天，麻料人要进行"走客"。所走的客家多为姑妈家、舅舅家，去世老人的儿女会根据老人生前愿望带其"走客"，走客时儿女会携带老人生前用的拐杖或遗像等其他与死者有关的物品一同前往，表示带去世老人同往。用餐时，会特意空出一个位置，摆上碗筷，席间要在已去世老人的空位处焚香不断，并为其夹饭菜，同其生前一般。

在麻料村没有做七的习俗，只有周年祭。即老人去世一年后，其出嫁的女儿会带着糯米饭、酒、肉回娘家，娘家人则会准备一个猪头、一只白色毛的鸡，然后一起拿到去世老人坟墓所处的区域附近烹煮，煮熟了之后先将饭菜放在墓前祭奠死者，并在周围挖一些新土用于包坟①，这样每年到死者坟头祭奠的习俗会持续三年之久。

麻料村传统丧葬习俗中，规定三年之内不可立碑，或是有些人家要等到子孙多一点了才立碑，在这期间家里不能办喜事，三年也相当于是一个守孝期。

之后每一个清明节、祭日、过年过节，去世老人的儿女及其子孙都要给其烧香烧纸，这也体现了下一辈对上一辈的经济义务，奉行了义务也就证明了传嗣的合法性。虽然去世老人无法对儿女之后的赡养行为、经济行为进行直接的监督和干预，但社会舆论会对儿子的行为有强烈的约束力。

（三）家庭内部性别角色的重新定位

生育是社会新陈代谢作用的继替过程，家庭是暂时性的团体，儿女不可能永远依赖父母。在经历了"社会基本三角""温存的留恋"和"成年仪式"后，儿女就完成了社会性断乳的过程。随后他们也会结婚生子，完

----

① 麻料村丧葬习俗：即三年内不立碑，每次祭祀时由亲人添土来重新加固坟包。

成属于自己的社会继替，保持社会的完整性。两性缔结会形成一个新的家庭，伴随着新人身份的转变，家庭内部结构也会面临一次解构与建构，从而家庭成员的角色也需要相应的重新定位。

随着女性和孩子的加入，家庭的结构发生改变，成员的加入也将由以爷爷为家庭权威的局面转为以成年儿子为权威，老人之后变成了"老小孩"，媳妇的加入使得丈夫的母亲变为婆婆，丈夫的父亲变为公公，丈夫兼具了儿子和丈夫的双重身份。孩子的出生又让夫妻晋级为父母，公公婆婆担任了爷爷奶奶的角色。随着下一代的出生，年迈父母的老去，爷爷辈构成的家庭将会被父辈及其家庭成员所取代。

新生婴儿是建立在血缘、遗传等先天的或生理基础上的社会角色，因此属于先赋角色，当地人在生育头胎后会举办满月酒，通过满月酒向外宣布新生儿的先赋角色，家里其他成员的新身份也得到确定。当女子嫁过来以后处于开放性角色，即指没有严格、明确规定的社会角色。这类社会角色的承担者可以根据自己对角色的理解和社会对角色的期望而从事活动。家庭内部角色的扮演也有一定的表现，当地人更多是通过仪式来表现对某一角色的认同，例如有女子嫁入，要通知亲朋好友左邻右舍，举办一场热热闹闹的酒席，接受亲人的祝福，以此告知外人新娘的身份，确定新娘在家庭里扮演媳妇的角色。男女成婚后衣着上也有别于未婚前，并且每个年龄段着装的要求也不一样（在第五章详述）。老年女性多穿黑色以及偏藏青色的衣服，头上包头巾，其作用是热天防晒擦汗，冷天保暖头部。老年男性大多喜抽当地的老烟，坐姿上喜欢跷二郎腿。妇女在参加芦笙节时不能穿结婚时的嫁衣，要穿一件和平时款式一样的衣服，头上不能戴银帽子，只能插凤凰银饰在头上。

家庭成员的角色扮演与社会继替的影响，使得家中男女分工更进一步明确。当地居民一般男主外，女主内，女人负责在家做饭、打扫卫生。若妻子娘家人要来夫家做客，则丈夫家的人要负责做饭、招呼客人；若丈夫的家人去妻子家做客，则妻子的娘家人负责做饭。

第四章　扩展的家庭关系

　　亲属是因婚姻、血缘或收养而产生的社会关系，由于固定的身份和称谓，因而亲属也体现了人与人之间的社会关系。亲属包括但不限于家庭成员，家庭成员指相互负有抚养义务的一定范围内的亲属，主要指夫妻、父母子女，有时也指祖父母、外祖父母、外子女、外孙子女及兄弟姊妹等。亲属与社会有着密切的联系，人们在社会群体中如何构建社会秩序，亲属之间的关系如何确立等问题都隐藏在亲属称谓与亲属关系之中。黄应贵在《反景人深林》中提到"从最早试图回答'社会秩序如何可能'的问题，逐渐转变为不同类型社会的构成原则与机制为何，到其亲属组织或体系的基础为何，到亲属概念如何被其文化所构建与实践。这样的转变，实涉及亲属与社会的关系，转变为亲属与经济的关系，乃至于探讨亲属与文化的关系。"①

一、亲属称谓

　　亲属称谓是对血亲、姻亲的称呼，或具有血亲关系、姻亲关系者的互称。亲属称谓是一种符号象征，是亲属制度的符号系统。亲属称谓可分为直接称谓与间接称谓，而在苗族人的姓名中最有特点的就是父子连名制。亲属称谓会随着年龄的增长而有所改变，是角色扮演与角色转换最直接的表现，通过称谓人们会在第一时间知道他者的身份地位，人从出生到老去

---

　　① 黄应贵：《反景人深林：人类学的观照、理论与实践》，北京：商务印书馆，2010年，第132页。

都在不停地扮演不同的角色。

表4-1　麻料村亲属称谓读音表

汉称	俗称	苗音音译	汉音音译	备注
父亲	爸爸	bad	嗲	一家之长，主外
母亲	妈妈	mab	咩（第三声）	一家之长，主内
祖父	爷爷/公	ghet	佝（弟二声）	父亲之父
祖母	奶奶	wuk	巫	父亲之母
曾祖父	太公	Ghet sangx waix	佝桑Wie	父亲之祖父
曾祖母	太婆	Wuk sangx waix	误桑Wie	父亲之祖母
外祖父	外公	ghet	佝	母亲之父
外祖母	外婆	wuk	巫	母亲之母
伯父	伯伯	bad hlie	爸喽	父之兄
伯母	伯妈	Mais lul	咩喽	父之嫂
叔父	叔叔	bad yut	爸犹	父之弟
叔母	叔妈	mab mieb	咩犹	弟媳
姑父	姑爹	daib yus	佝	父之姐妹夫
姑母	姑妈/娘娘	wuk	巫	父之姐妹
姨妈		Mais lul	咩喽	母之姐/妹
姨父		bad hlie	爸喽	与上栏呼应
舅		daib nenl	佝搭奈	母之兄弟
舅妈		Daib nenl niangb	搭奈捏	母之兄弟之妻
岳父		ghet		妻之父
岳母		wuk deil		妻之母

续表

汉称	俗称	苗音音译	汉音音译	备注
兄	哥哥	Bob daib	博	长兄
弟	弟弟	geb	给（第一声）姨	
姐	姐姐	ad	啊（第二声）	
妹		geb	及	
姐夫/妹夫		niangb	博	
妻子		niangb	捏	
儿子		daib	搭	
女儿		Daib ad	搭皮	
孙子		Jib hlangb	嘎搭 leing	

（一）直接称谓与间接称谓

称谓是自我的第一"身份证"，直接称谓在第一时间向别人传递了自己的相关信息。当事人在实际面对亲人时如何称呼，例如，当地人在家称呼自己的父亲时多叫为"爸爸"，称自己的母亲叫"妈妈"。又如当地苗语里称自己的奶奶、外婆和姑妈都叫"巫"。间接称谓一般用于向别人介绍自己的亲戚时，比如介绍自己的父母时会说我"嗲"、我"咩"。又如当奶奶、外婆和姑妈三个人若同时出现在同一场合，向别人介绍三人的身份时，称呼即变为"巫+称呼者的奶名"。

克鲁伯认为："亲属称谓并不反映社会制度，而是人际间的心理表现，是人与人相处的态度（Kroeber 1968[1909]）"。[①] 苗族称谓的双重性也反映了介绍者与被介绍者之间的角色转换。

在麻料，夫妻之间称呼彼此时，通常以"儿子的奶名+咩"或"儿子的奶名+爸"，如东咩、东爸。银匠师潘 SX 的妻子在介绍潘师傅时说的是

---

① 黄应贵：《反景入深林：人类学的观照、理论与实践》，北京：商务印书馆，2010年，第109页。

"我的老公"，此时表明了他的妻子对潘SX"老公"这一身份的肯定，向外表达的是这位男士已婚并且我是他的妻子，此时潘SX及其妻子兼有角色的二重性，两人除了属于夫妻关系之外还有介绍者与被介绍者的关系。

（二）父子连名制

对于西江的苗族人来说，"苗名"不仅仅是伴随一生的符号，还蕴含了长辈、亲人的希望与寄托。一个人的苗名是不能轻易更改的，因此给孩子起"苗名"是一件重大而严肃的事，要有一定的仪式。苗族人的姓名最大的特点是父子连名制，《苗族史诗·运金运银》中就已经存在这种父子连名制的痕迹，其中提到金、银、谷的名字时说："金子又叫金力诺，银子又叫银力诺，她们全都出嫁了，还有一个谷力诺[1]"。这其中的"金""银""谷"皆为本人名，而"力"是父名，"诺"是祖父名，"金力诺""银力诺""谷力诺"则是父子连名形式的全名。在父系氏族公社里，社会成员往往以男性世系来确定血缘关系，苗族以"父子连名"的命名方式来叙述族谱，记录世系和辈数，区分亲疏，由近代向远代逐辈逆推，可以追溯一二十代，有的甚至可达到五十到七十多代。

麻料当地也普遍存在这种现象。麻料村父子连名的类型为"子名+父名"。这类连名由两个音节构成，其中前一个音节为自己的奶名（小名），后一个也是父亲的奶名。父子连名制是子名从父的一种命名制度，故又称"子从亲名制"（tex keisonymy）[2]（芮逸夫，1955）。

从麻料村李氏家族迁移的家族名单中（见图1-2）可以看到当地父子连名制的存在。名单如下：里送→荣里→黄荣→耶黄→有耶→里有→九里→六九→保六→应宝→春应→艳春。

另外，在李氏家族和黄氏家族的墓碑（见图4-2）上也都反映了当地使用的是父子连名制：莎降→悟莎→掌悟→东掌；莎降→银莎→然银→拥然→民拥；莎降→耶降→占耶→丢占→四丢。

---

① 王文丽：《父子连名与西江苗族文化》，上海：上海师范大学出版社，2005年，第75页。

② 与"亲从子名制"相对，即"从父称谓"。

图 4-1　李氏家族墓碑

黄氏家族例如：牛宝→耶牛→船耶；牛宝→金牛→冬金；牛宝→往牛
→树往。

图 4-2　黄氏家族墓碑

村里大多数人命名采用的是单音命名法，一个人的核心名字（奶名）由一个单音节词组成，多以季节、动植物、金属、自然物、人造物和愿望命名。村里的李YY老人① 说："我嘞（方言，意思为"的"）孙孙出生嘞时候就喊一个大家族里面的老人来给他取名字，他爷爷我们也国（方言，自己的意思）起得一个名字，要是老人起（方言，取的意思）嘞没和心（方言，不喜欢的意思），就喊大家一起喝酒，国要国起嘞。有捏是老人去（音ki）外面要来嘞，我家孙喊奏（方言，叫作的意思）粮食，我们都希望他以后有饭吃这些。在家我们都喊他粮食，在外面我们都喊他粮食里，因为他爸爸喊里，这种喊他嘞时候别个都晓得他是哪个家仔。他爸爸出生时候结了好多李子果，然后就取名字喊奏里。"

苗族人采取父子连名制的命名方式受历史和民族心理的影响。当地人经过多次迁徙，在迁徙过程中产生了许多分支，为了防止走散，无文字的苗族就以口头的方式来追溯自己的祖先。另一方面，能够世代以此方式命名并保存至今，在一定程度上也受当地地理环境的影响。苗族大多居住在交通较闭塞，很难与外界接触的地方，这为父子连名制的保存和延续提供了一定的客观条件。麻料人很少修缮族谱，而1970年的寨火又烧毁了麻料村唯一一套族谱——李氏族谱。② 因此村内除墓碑外，也极少见碑刻。但父子连名制能让苗族人辨明宗亲血缘关系、界定婚姻范围、强化民族认同、巩固继嗣制度、传承民族语言文化和区分同名现象，体现了苗族人对自然的敬畏，对祖先的崇拜。

二、亲属关系

亲属是基于婚姻、血缘和法律拟制而形成的社会关系。我国法律所调整的亲属关系包括夫妻、父母、子女、兄弟姊妹、祖父母和外祖父母、孙

---

① 访谈对象：李YY，女，53岁；访谈时间：2019年6月15日；访谈地点：李YY家中。

② 此说法由麻料村黄TD老人提供，访谈时间：2019年6月8日；访谈地点：麻料村村委会。另外笔者通过访谈其他村民亦证实了这一说法。

子女和外孙子女、儿媳和公婆、女婿和岳父母、以及其他三代以内的旁系血亲，如伯伯、叔叔、姑母、舅、阿姨、侄子女甥子女、堂兄弟姊妹、表兄弟姊妹等。

（一）差序格局

由血缘关系从而形成的各亲属之间的关系是一种机械团结，费孝通先生对亲属关系有着自己的见解，他针对人与人之间的关系在《乡土中国》一书中提出了差序格局的定义，并进一步把人际关系形象地比喻为："以己为中心，像石子一般投入水中，和别人所联系成的社会关系不像团体中的分子一般大家立在一个平面上的，而是像水的波纹一样，一圈圈推出去，愈推愈远，也愈推愈薄。"[1] 费孝通先生旨在描述亲疏远近的人际格局，如同水面上泛开的涟晕一般，由自己延伸开去，一圈一圈，按离自己距离的远近来划分亲疏。这种格局受血缘、地缘、经济水平、政治地位、知识文化水平的影响，圈子的大小和上述因素的大小强弱是成正比的。血缘组织越大，圈子就越大，其属性规则以伦理辈分为基础，地缘越是接近就越易形成差序圈子，经济水平和政治地位的高低是圈子形成最重要的因素，它象征着权力支配的大小，而文化知识则是农村居民普遍缺乏又普遍渴求的。圈子的形成可能是一种因素的结果，也可能是几种因素的综合作用。

（二）亲属关系的扩展

亲属关系因不断联姻而扩展，姻的前提是有性别的存在。但是任何一种性别（男人或者女人）都面对两种异性：可以与之婚配和不可以与之婚配，并衍生出两个相对的亲属体系。一般来说可以做到当一方首先称呼另一方，那么另一方就知道应该怎么回应对方。也就是说从对方的称呼里判断双方是属于血亲关系或者是姻亲关系，然后采用合适的称谓回应。如果是血亲关系，必然用血亲的称谓回应；如果是姻亲关系，也有姻亲的一套称谓。亲属关系可分为以父系血缘为主的人群之间的关系，表现为当地多

---

① 费孝通编：《乡土中国》，上海：上海人民出版社，2013年，第27页。

为三代同堂及少数四代同堂及其堂叔堂兄形成的房系关系。也涉及由母系血缘为主的人群之间的关系，多表现为与舅舅外婆之间保持的亲密联系。若母亲嫁得近，则与舅舅娘家人之间的关系密切，若嫁得远这种关系会随着时间逐渐淡化。当笔者问到一位李氏妇女多久回一次娘家以及自己的儿子儿媳妇多久回一次娘家时，她说："我从控拜嫁过来，两个寨子离得近，有空就多回家看，那些舅舅过年过节都还过来这边还，我的媳妇是四川嫁过来嘞，离得远他们（儿子和儿媳）都没回家（女方家）好多，我跟那边嘞亲戚都没咋个联系，有哪样事他们两个都过去那边看一下，（老了）都没狠（方言，意为不能）跑啊。"①苗族社会对性别的选择结果是：男人留在家族内做"家人"，女人嫁出去做"外戚"。亲属的二元结构分类中，"家族"是中心，"亲戚"是边缘；"家族"为主体，"亲戚"为辅助。

两性的相知直至婚姻的缔结意味着家庭的结构在慢慢发生变化，婚姻的缔结与孩子的出生明确了一个新的家庭的建构，此时有可能面临分家的问题，分家与财产有着密切关系，父母掌握着财产分配权，家庭是父母晚年的保障与港湾，儿子得到相应的财产与赡养父母成一一对应的关系。孩子在经过社会性的成人礼之后会重新执行"社会继替"的任务，从而社会不断循环发展，随之家庭里的成员所扮演的角色都会改变。婚姻是组成家庭的重要部分，一个家庭中有隐藏的各种亲属关系，存在不同的差序格局以及不同的亲属关系网，这种亲属关系使得家族间的凝聚力增强，亲属间的交流一定程度上促进了两性的相知。

---

① 访谈对象：李ZM，女，58岁；访谈时间：2019年6月12日；访谈地点：麻料村小卖部门口。

第五章　日常生活

一、住房

　　麻料村的房屋分为三种类型：全木型、砖木混合型与全砖型，这其中又以全木型与砖木混合型居多。全木型是当地传统的建筑物，又称吊脚楼。吊脚楼是苗族传统建筑，是中国南方特有的古老建筑形式，楼上住人，楼下架空，被现代建筑学家认为是最佳的生态建筑形式。当地的吊脚楼多依山而建，屋基开挖为上下两层，前檐柱不落地，因而得名为吊脚楼。

　　麻料"吊脚楼"一般以三间四立帖^①或三间两厦为基础，建造方法：选屋场、看风水、平整地基、备料、裁料、推料、安磉磴、排扇、做梁木、立屋、上梁、撂檐断水、装屋以及其它附属工程。总之，从选择屋基、备料、立屋，一直到装饰完毕，都有完备的程序和不同的技法。除了屋顶盖瓦以外，上上下下全部用杉木建造。屋柱用大杉木凿眼，柱与柱之间用大小不一的杉木斜穿直套连在一起，尽管不用一个铁钉也十分坚固。房子四周还有吊楼，楼檐翘角上翻如展翼欲飞。房子四壁用杉木板开槽密镶，里里外外都要涂上桐油，既能防虫蚁噬咬又显得屋内亮堂。一般的吊脚楼有三层，最高的也有四层，上层储谷，中层住人，下层楼脚围栏成圈，用于堆放杂物或关养牲畜。现在大部分的家庭都不再饲养家畜家禽，开有银饰工坊和农家乐的家庭，会把底层作为银饰工坊的成品展览区和工

———————————

　　① 我国传统木结构建筑中的一种骨架，建造时先在地面上将柱和梁拼装成骨架，然后立起，在正间处称"正帖"，端部处称"边帖"。

图 5-1　DX 农家乐砖木混合型房屋

作室。中层住人，旁边建有木梯与楼上层和下层相接，居住层设有走廊通道，约一米宽。正中间为堂屋，以前苗族的迎客间在火塘，现在堂屋成了迎客间，堂屋两侧的立帖要加柱，楼板加厚，因为这是家庭的主要活动空间，也是宴会宾客接待场所。堂屋两侧各间则隔为二、三小间卧室或厨房。房间宽敞明亮，门窗左右对称。以前家家户户的房子都会在侧间设有火塘，冬天在火塘处烧火取暖，现在家中即使有火塘也很少使用了。中堂前有大门，门是两扇，两边各有一窗。

　　大多数吊脚楼在二楼地基堂屋外的悬空走廊，安装有独特的S形曲栏靠椅，当地人俗称"美人靠"，这是因为姑娘们常在此挑花刺绣，向外展示风姿而得名。

　　在麻料村，一般新房建成后，会由家里的老人来"开财门"，祭祀需要的物品有一只大公鸡、香纸。先选择一个吉日，杀掉大公鸡留下鸡血，老人念一些吉利话，然后用鸡血把鸡毛、纸钱全部黏在一起贴于门上。开财门一般由老年男性主持，女性不能随便触碰祭祀的物品，任何人都不能随便把贴于门上的鸡毛和纸钱扯下来，如果扯下来，当地人认为家里的财

图 5-2　潘家寨的砖木混合型房屋

运就会越来越差，但是自然脱落的就不存在这些问题。①

砖木混合型是目前当地最流行的建筑。当地的房子都有三层，最底一层采用石头或者水泥砖来打底，而上两层则是用纯木建造，这样的建筑形式很好地保留了当地的民族特色。

全砖型建筑，顾名思义就是建筑用的材料大都是砖石。当地的建筑类型出现变迁，很大一部分原因是受到外来文化的冲击。尽管这是现代的建筑形式，且麻料村人都有一定的经济能力建全砖石结构的房子，但人们建房子时仍然会选择砖木混合型。

选择建砖木混合型的房子原因在于：一方面，砖石垒起的底层高高悬于地面，既能保持通风干燥，又能防蛇鼠虫蚁，相比较原来传统的全木结构的楼房，地基用砖石能防止木质结构的立柱因长时间日晒雨淋或被虫蚁噬咬而腐蚀。二、三层居住区用木头修建，不仅防潮，还有冬暖夏凉的效

---

① 笔者在田野调查期间碰巧遇到一户黄姓人家在盖新的木房，与木匠吴师傅的访谈获悉当地的"开财门"仪式，但仪式中某些程序如女性不能触碰祭祀物品这一禁忌，在现代社会是否还存在？笔者不置可否，留待回访后再进行资料补充。

果。另一方面，建筑尽量保存原生态，也是雷山县政府致力于将麻料打造成为传统村落的政府行为。2015年，随着贵广高铁、沪昆高铁和凯雷高速公路相继开通，大大缩短了西江与外界的距离。雷山县政府以西江千户苗寨为核心，提出"一核两带八区"①，带动旅游业向四面扩展，其中的八区之一即为西江与麻料、控拜等九寨连成一线的文化体验旅游区。

　　麻料银匠村的苗家吊脚楼建筑群有着较高的研究价值，吊脚楼建筑群的选址、修建使居民、建筑、生态之间形成了良性循环的有机整体，蕴藏着苗族同胞建村建房"天人合一"的哲学思想。据统计，当地出于旅游开发而进行保护的建筑主要为苗族民居等传统风貌建筑，有少量混凝土的建筑、砖材质建筑及外表面漆成木棕色的建筑。麻料村的传统民居共有165余栋，约占总建筑的95%。建筑质量较好的建筑约占总建筑的60%，建筑质量一般的建筑约占总建筑的30%，建筑质量较差的建筑约占总建筑的10%，其中木结构建筑约占总建筑的90%以上。

　　旅游开发与传统村落的结合，无异于是在传统村落的发展与保护之间开辟了一条全新的道路，这样充分结合自身的特点打造不同的村落风格的开发模式，使得麻料既能够将自己村落独特的文化宣传出去，得到保护，又能够解决发展动力不足、空心村情况严重等一系列在传统村落保护中难以避免的问题。因此，当地的建筑形式得以保存亦是国家力量和民间意志趋于平衡的结果。

二、衣着

　　苗族以其分支繁多复杂、文化丰富多彩而著称于世。不同的支系有不同的称谓，其文化上也有较大的差异性。根据各居住区域有别，雷山县境内同一民族的服饰式样区别也较大，居住于雷山县的苗族大致可划分为三

---

　　① 核心为西江千户苗寨，两带八区分别为雷公坪高山生态旅游带、大沟生态农业旅游带、西江千户苗寨旅游区、九寨银饰文化旅游区、开觉鼓乐休闲旅游区、白碧河茶香旅游服务区、干荣生态农业旅游区、雷公山原生态旅游区、陶尧温泉洗浴度假旅游区、乌香河生态健身旅游区。

个支系，以服饰为划分标准，分别是长裙苗、中裙苗与短裙苗。

图 5-3　穿着长裙苗服饰的姑娘（麻料村委会提供）

　　长裙苗服饰，均以辫绣、缠绣和平绣等绣艺精绣于衣领、衣袖和衣角，穿戴配以银亚领、银片、锻项圈、锻手镯和大银角组成的盛装，配以长到脚跟的百褶裙与彩带，一身重达四至六斤，甚至十余斤。便装基布多为青黛色或绿、蓝色，肩围与袖口配以一条二指宽的绣花彩带，腰上配以围腰，腰系一条银链，挽上 S 发髻，插上银簪，发簪上配以一朵或几朵制绣小花或塑料彩花，戴上耳环。

　　凯里市的舟溪与丹寨县的南皋接壤地，均是中裙苗区域。中裙以裙长到膝盖而得名。宽袖口、绣衣精美兼有长裙服饰之美与短裙服饰之长，银角小巧。盛装或便装均以青黛色布为主，也兼以草绿或深绿色绸缎制衣，衣短裤长，衣的绣品不多，简洁别致。头式习惯挽髻，发髻配上插条式或条角银梳。

短裙服饰，也被称为孔雀式服饰（见图5-4）。服饰用七彩花线精织与绣制结合，花纹精致，呈几何条纹，大小银片、银泡布满衣背与衣面，类似古军盔甲，也是为了纪念先人而为之。用青布褶制成的百褶短裙，长短为16厘米，两层叠加。后腰垂吊的彩带有10-20条

图5-4　村民所展示的孔雀式服饰

之多，各彩带宽6-7厘米，各带花纹不同，色彩鲜艳，条理分明。由于其后腰垂吊的腰带众多，好似孔雀开屏，故得名孔雀式服饰。

麻料村现有184户人家，据当地村民说，该村99%都是苗族，属于长裙苗支系，没有短裙苗。妇女们平时只穿便装，现在的麻料苗族姑娘都有一套由父亲亲手打制的银饰盛装，主要有银角、银帽、银项圈、银压铃、手镯等等。银饰盛装是苗族姑娘们在踩芦笙时的必备物品，也可以说只有拥有银饰盛装的姑娘才能进入芦笙场的中心位置跳芦笙。村里的杨SL老人[1]说："一个姑娘看的就是一套银衣呀。没得银衣你就进不了芦笙场。以前穷，家里姐妹多，没得那么多件银衣，就轮流穿。没银衣也去跳芦笙的话就另外站一路，不好意思跟穿银衣的姑娘到一路，因为穿银衣的站到一路好看点嘛。现在我们很多人家都不像以前那么穷了，家里每个女儿都有一套银衣。你没得，你就不好意思去芦笙场踩芦笙。不过我们村现在家家姑娘都有，也没得哪家没得的。"

---

[1]　访谈对象：杨SL，女，64岁；访谈时间：2019年6月11日；访谈地点：李SH家中。

图5-5 麻料芦笙会场（麻料村委会提供）

麻料的父母们能够在物质上给予女儿最大满足的便是努力为女儿准备一套盛装。以前的年代人们生活困难，对于女儿的盛装，父母只能尽最大能力，能准备多少就准备多少，因此在以前人们会以姑娘所穿戴银饰的多少来衡量一个家庭的经济状况。在芦笙场中人们会观察哪家姑娘银饰穿戴得多，穿戴得多的姑娘会得到人们的称赞与羡慕，姑娘的父母自然也会得到夸赞。一些没有银饰或者穿戴得少的姑娘，当然也不会受排挤。许多老人也说，在芦笙场上银饰穿戴得多的姑娘虽然会被更多人关注，但银饰穿戴得少也不会怎样，因为以前人们都很穷。李YL老人① 说："我们以前都到了吃不饱的地步，只管出去打银子赚钱，都没得时间打给自己的女儿。后来有点钱了才给自己女儿打。以前大家都穷，姑娘踩芦笙有好多戴好多，没得的还轮流穿，这没得哪样。"

---

① 访谈对象：李YL，女，68岁；访谈时间：2019年6月13日；访谈地点：麻料村小卖部门口。

现在大多数的麻料人经济条件提高了，如果仍然像以前那样为了突出自己家庭经济条件优越而过多地佩戴银饰，也就不符合当地人的审美观了。因此，通过姑娘所穿戴的银饰数量多少来衡量家庭经济情况，在现在的麻料村已经没有多大意义了。正如村里的李YH①说的："现在要看谁家有钱肯定不是看谁家姑娘戴的银多了，大家都是一整套一整套的了。人家有钱的可以给女儿搞没晓得好多套去，但是没有这个必要对吧。现在一般就是看他家建的房子怎么样，家里人都是搞哪样的呀。或者在外面开了多少个银饰店呀。"

因此，现在的盛装更像是一张"芦笙会入场券"，每家的姑娘所穿戴的银饰数量都不相上下，盛装的意义在于就像晚宴需要穿礼服一样，人们需要的是一种仪式感。虽然平时人们也不着盛装，但芦笙会上穿盛装就好似得到了一种认同。村里李FZ②说："如果我没有盛装，那我宁愿选择不去踩芦笙。因为大家都有，我一个人直接这样子去感觉很突出，而且也不好意思嘛。所以没有盛装还是不去踩了。"

可见，在这样一种文化氛围下，大多数人比较认同女性穿上盛装踩芦笙，这已然成为了多数麻料人心中默认的规则。

三、节庆活动

本小节所提到的节庆活动包括岁时节庆和民族节庆两部分，节庆活动具有很强的民族性、地域性、娱乐性、文化性和传承性。同时，节庆习俗也具有一定的文化功能、社会功能以及经济功能。麻料的节庆活动在一定程度上也反映出了当地人的生态环境、生产方式、社会关系以及对人生价值的认识。随着时代变迁，麻料村的节庆活动也发生了一些新的变化，尽管现在的麻料村不再以农业生产为主要生计方式，但在以前交通闭塞，粮

---

① 访谈对象：李YH，女，65岁；访谈时间：2019年6月15日；访谈地点：麻料村村口凉亭。
② 访谈对象：李FZ，女，43岁；访谈时间：2019年6月14日；访谈地点：麻料村小卖部门口。

食、蔬菜只能自给自足的时期，耕种农田还是呈现常态化，伴随着农业生产而产生的一些节日活动也成为农闲时期人们集体参与的娱乐活动。节日不仅表现为集体狂欢，通过节日中集体活动的参与更加强了家族之间的内聚与联系。在活动中许久不见的亲戚会互相往来，馈赠礼物，这样互惠的过程使得姻亲关系得到维系和强化，从而推动村寨之间的良性互动，在一定程度上也扩大了通婚圈。

（一）岁时节庆

1. 春节

春节一直以来都是汉族最为隆重的传统节日。几千年来，春节承载着无数的民族文化与民族记忆，是中华民族传统文化的集中体现。在各民族文化不断交往、交流和交融下，春节也走进了西江镇麻料村。据村民李DJ说，每年农历十二月的时候，村里家家户户都会杀猪准备过新年。麻料村里杀猪的日子也是很有讲究的，在村里一直以来都有"要单不要双"的说法，在他们看来单数是吉利数字，双数则是不好的。因此，一般村民都会选择在农历十二月的二十一、二十三、二十五、二十七、二十九这几个日子杀猪，这样既能保证猪肉新鲜的口感，又能图个吉利。在年二十九这天，村里家家户户都会在家里进行大扫除，把家里打扫得干干净净，初一才能把财神迎回家。年三十这一天，麻料村外出打工的人也会赶回来和家里人团圆过新年。白天，大家一起为年夜饭忙碌，晚上大家一起围坐在一起享受美味佳肴。晚饭后，小孩子们会给家里的老人们磕头拜年说吉利话，老人就会给小孩子发红包讲祝福语。然后家人们聚在一起嗑着瓜子聊天、看春晚。一家人守岁到十二点，然后到家门口去放烟花和鞭炮庆祝新一年的来到，希望来年能够红红火火。

大年初一的早上，村民们会在家里供饭祭祀祖先和神灵，祈求祖先神灵保佑家人在新的一年身体健康、顺顺利利、财源广进。大年初一这一天，村民们也会有很多禁忌，比如大年初一不扫地，他们认为这样扫地就会把福气扫出去，而且在他们看来大年初一出门也是不吉利的，人们都不能出门，只能待在家里陪老人孩子。这一天人们还不能花钱，因为村里有一个说法，如果大年初一你就把钱花出去了，那么接下来的这一年里你都存不了钱，这也体现出麻料人想要通过习俗来约束自己大手大脚花钱的行为。从大年初二开始，大家就会开始外出走亲戚了。男人们也会陪着妻子买鸡、买炮，然后带着自家酿的酒去丈母娘家拜年。麻料村的春节一般会过到初八、初九，不过其间并不会有些什么盛大的活动，最多就是亲朋好友聚在一起享受难得的休闲时光。由于现在麻料村里大多数人都是常年在外打工，很少有机会陪伴家人，因此他们格外珍惜春节这个难得的机会，和家人团圆在一起共享天伦之乐，直到要外出打工的人都走了，麻料村的春节才算过完。

虽然麻料村人过春节的形式很简单，基本也不会有什么大型的庆祝活动，但是春节作为汉族传统节日能够被麻料苗族所接受，并且受到苗族人的喜爱，这也从侧面体现出了民族文化的融合。

2. 清明节

又称踏青节、行清节、祭祖节，是中国的传统节日之一，每年清明节的时候大家都会带着鲜花、饭菜等祭品到墓地去给亲人扫墓、祭祀先祖。

清明节一般在三四月，正是万物复苏的时候。这时人们就会趁着节日到外面踏青、游玩，感受新鲜的空气。苗族也不例外，据麻料村民黄LG① 说苗族人也有清明节，以前当地人称之为挂清节。每年挂清节的时候他们都会带着香纸和腌肉去山上祭祀祖先，然后把坟墓旁边长出的杂草都修剪掉，最后再重新往坟墓上培上新土，有时也会邀上亲戚好友一同前往。但是以前苗族人的清明节并没有一个确切的时间，只要是在农历的三月里都可以称之为挂清节，人们都可以去挂清。后来清明节成了国家法定假日有了时间规定后②，麻料村的清明节时间也才固定下来。麻料村清明节的这一改变体现出国家政策对民族节庆习俗文化具有一定的影响力。

3. 端午节

每年农历的五月初五端午节是为了纪念屈原而产生的节日，又称龙舟

---

① 访谈对象：黄LG，男，43岁；访谈时间：2019年6月9日；访谈地点：麻料村村口凉亭。

② 参见国务院关于修改《全国年节及纪念日放假办法》的决定（2007年12月7日）。

节、端阳节。端午节与春节、清明节、中秋节并称为中国的四大传统节日，也是中国首个入选世界非遗的节日。每年端午节，除了纪念屈原外，还会有很多趣味十足的活动，比如在全国大部分地区基本都很盛行划龙舟比赛，有一些地区还会有饮雄黄酒、游百病、赶花场等习俗。不过，端午节在麻料村并不是很盛行，以前这里并没有端午节这个节日，是后来慢慢从汉族传过来的。

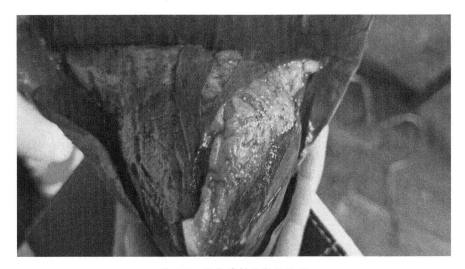

图 5-6　端午节村民包的粽子

　　端午节的时候，麻料村里有一些人家会包粽子吃，他们包的粽子跟汉族的也不太一样，汉族通常是用糯米、红豆、绿豆、腊肉等混合在一起包成小小的三角形，显得小巧又精致。麻料村人包的粽子是四角的，而且个头通常很大，当地人包粽子，通常会在糯米里面加入一些稻草灰，最后煮熟的粽粑就会变成灰色，当地人称之为"灰粑"（见图5-6）。汉族一般都用粽粑蘸糖吃，但麻料人却不习惯这种吃法。麻料村里过端午节的人家并不多，但吃粽子的人却很多，即使不是端午节的时候也会吃粽子，农忙的时候甚至会把粽子当饭吃。

（二）民族节日

1. 招龙节

招龙节是麻料村最为隆重的节日之一，十三年一次，一次连过三年。第一年过五天，第二年过七天，第三年过九天。时间为申年（猴年）二月的申日（猴日）。

招龙节来源于麻料当地一个"三龙抢宝"的传说。据说当时他们的先祖刚迁来这里时，发现这里的三条山脉很像三条龙，中间刚好是一个小盆地，看起来像是三条龙在抢宝，因此就有了"三龙抢宝"这个说法。关于龙宝山还有这样的一个故事，村口有一座叫顾（苗语）的小山，被村民们认为是三龙抢宝中"三条龙"所抢夺的龙宝。一直以来，老人家都说不可以去砍顾山的古树，所以当地有个不成文的规定，到顾山上去都不能带柴刀。2000年左右，政府为麻料村出资在顾山修建凉亭。后来，村里不断有年轻人非正常死亡，大约死了十多个，当地人认为是建凉亭，砍了树挖了土，破坏了龙宝的风水，所以向政府申请将凉亭从龙宝山上搬下来。搬下来后，村子里的年轻人接二连三的死亡终于停止。后来顾山附近有一户人家想要动土打地基修砖房，遭到了村民们的坚决反对，最终那户人家也没敢在顾山上动土。① 村里年轻人接二连三的死亡，是否真的与修建凉亭，破坏了龙宝山的风水有关，我们无从得知。但当地人意识上主动地将这件事构建成为支撑龙宝山风水体系的一部分，"传统社区的居民意识到生态环境对他们的生活的重要制约作用，于是通过习俗和禁忌等约束居民的行为。"② 构建龙宝山风水秩序，在客观上调节了人与自然的关系，保护了龙宝山的生态环境。

因此祖先们认为龙宝山有龙，是风水宝地，如果不去祭拜，龙就会来村里搞破坏，小孩就会长不大，村里的庄稼也不会有好收成。先祖迁来当地的那天正好是申年（猴年）二月的申日（猴日），所以就规定每过十三

---

① 材料由麻料村老支书黄TD口述，经笔者整理所得。访谈时间：2019年6月5日；访谈地点：黄TD老人家中。

② 黎熙元，何肇发：《现代社区概论》，广州：广州中山大学出版社，1998年，第52页。

图 5-7   2017 年招龙节现场（麻料村委会提供）

年的猴年农历二月猴日为招龙节①。

在招龙节前一年，首先要召齐组织仪式的核心队伍，即祭司。祭司由一个主祭师傅、一个鼓藏头、九个陪祭组成，选定后三年内不能更换人员。由于主祭师傅是整个仪式的核心人物，因此对于主祭师傅的选择有一定的标准。一是男性②，具有较高的社会威望；二是业务能力强，熟知招龙仪式程序，能顺利完成整个仪式过程；三是身体健康、家庭幸福，忌单身或者丧偶的主祭师傅参与。鼓藏头选举的条件：首先必须是父亲健在③，儿女双全，家庭和睦；其次，鼓藏头家的经济能力处于村里的中上等水平，有一定的接待能力；第三，对于鼓藏头的五官、身高也有一定的要求，因为鼓藏头代表的是一个村寨的形象。最后，在村里的口碑必须要

---

① 材料由麻料村李 WF 老人口述，经笔者整理所得。

② 苗族中只有男性能接触到祭祀仪式。

③ 选举鼓藏头的条件之一是父亲必须还健在，对母亲则无特别的要求。

图 5-8　村民上山招龙（麻料村委会提供）

好，说话有威信才能服众。相对于主祭师傅和鼓藏头，陪祭的推选条件相对没那么严格，主要有两个标准：一是家庭和睦、儿女双全；二是人品端正，为人处事灵活，办事能力强。此外，还需要确定会计人员、物资采购人员等，节前必须分工明确。

招龙节节日时间长，消费支出也较多。一般来说，费用都是由各家平均分摊，当然经济条件更好的家庭会愿意多资助一些，另外就是由政府和村里的银饰公司赞助。在物资筹备方面，除了米酒、大米、糯米、鲤鱼、鸡蛋、竹标可以由村民自备之外，鸭子、香、纸、鞭炮、鸭蛋、白纸等都需要去市场上购买。鸭子是招龙节必备的祭品，而且要求鸭头必须是青绿色，村民家里很少养这种品种的鸭子，所以必须得去市场上购买。鸭子之所以成为招龙节最重要的祭品，据说是鸭子曾经帮助苗族祖先进行迁徙，找到了自己的家园，而且鸭子的繁殖能力强，但是到目前为止也没有确切的说法。

一般在招龙节的前两年，村民不会特意去邀请亲戚朋友来做客。村里会举行斗牛、斗鸟等民俗活动，还有拔河比赛、象棋比赛等。村里爱打篮球的青少年们会组织起来进行篮球比赛，偶尔也会有外人前来参加。2019年招龙节村里的银饰公司花了两万元请了一些外国人来村里进行篮球比赛，奖金设为三万元，最后麻料村的篮球队获胜。篮球队从所获奖金中拿出3000元，买了一头猪杀了村民分食。村里的妇女每人也得到一块毛巾，意在奖励她们一年的勤劳付出。

图 5-9　妇女在举行敬寨神仪式（麻料村委会提供）

象棋比赛、银饰刺绣比赛、芦笙比赛、银饰抽奖活动、文艺晚会等都充满了现代元素。在节日前一个月，村里就开始以海报的形式在方圆百里的村寨进行张贴，现在随着网络的发展，微信也成了节日宣传的一个有效平台。通过节日的宣传和节日氛围的营造，吸引了很多游客前来参观旅游，带动了村里的经济收入。

招龙节的第三年就会正式地邀请亲戚朋友来做客，现在通信工具方便快捷，只需要打个电话就通知到了。邀请客人需要提前一个月，以便亲戚准备礼物和安排好时间。

　　招龙分为上山招龙和下山招龙，麻料村主要是上山招龙。招龙节前一天晚上12点，鼓藏头和祭师就会带着一只白公鸡和纸钱等祭品去篮球场①做招龙开启仪式，意在告诉祖先和神灵十三年一次的招龙节要开始了。招龙开始之前，人们会去村里砍五根竹子，砍的竹子必须是长势喜人、枝叶完整的。其中的三根在招龙的时候会分别插在三个山头，剩下的两根竹子拿回来插在村口的两边。

　　然后要举行敬寨神仪式。敬寨神先要摆祭台，祭台的方向与寨子的整体方向一致，祭台分为上中下三层，最上层是神龛香台，用来供奉龙神；中间一层用木板铺成，上摆12个碗、12份祭品，祭品有糯米饭、米酒、鱼、鸡蛋等；最下层是香位，供村民们摆放祭品和烧香烧纸。敬寨神仪式结束后，全村男女老少肩扛事先准备好的竹标，竹标上面夹上白色的旗子和纸人，到离寨子几华里的土坡上去招龙。第二天一早由鼓藏头组织芦笙队吹着芦笙，村里的男女老少带上粘着小纸人的竹标、鸡蛋、鸭蛋、棉花前往山上接龙，以前接龙只能男性参与，现在男女都可以自愿参与。招龙的山头总共有三个，且路线都是固定的。招龙的队伍要沿着大路走，不能走小路，也不能改变走的路径。招龙回来的时候人们就会把带去的竹标从山头上沿路边走边插，祭师则在旁念巫词祭祀祷告，然后将龙招到竹林里去。召回龙后，祭师将各家凑在一起的"百家米"从高地撒下，在下位的众人撑开衣角接米。经祭师之手撒下的米，称为"龙米"，也称"福米"。祭毕，人们用事先剪好贴在竹标上的小白纸人和小三角旗沿路插回，将竹标插在沿路，这样神灵才会跟着竹标回到村寨，在半山腰会遇到村里的妇女前来敬酒，敬到必喝。归来后将福米置于神龛香台，就算是引龙入寨，寓意人丁兴盛，六畜兴旺，五谷丰登，消灾免祸。

　　据村民李DJ②说，招龙节的时候村里每家每户都要一起出钱，买一头猪到篮球场去杀，杀了之后村里每家会分到一块肉，当地人称之为"分

---

　　①　麻料村没有专门的迎龙坪，招龙节的活动都是在村里的篮球场举行。

　　②　访谈对象：李DJ，男，46岁；访谈时间：2019年6月13日；访谈地点：DX农家乐。

龙肉"。"分龙肉"的仪式由鼓藏头来主持，鼓藏头会选择村里一位子孙齐全、贤达有威望的老人来杀猪，猪杀好后把肉切成小块，由鼓藏头组织大家按全支族户数，把肉穿成无数小串，放入一大锅中煮熟，然后分给各家各户一串带回家中，村民们先用此肉祭供祖宗。如果亲戚朋友赶来过节，肉不够吃，那么村民们就要另外杀猪待客，给客人送猪腿。亲戚朋友前来做客是不能放鞭炮的，认为放鞭炮会把招来的龙吓跑。如果一个家族杀一头猪祭祖，表示家族子孙团结。午饭之后，女子穿上盛装，男女汇集于芦笙场上进行招龙踩鼓。 踩鼓的位置排列也遵循一定的社会秩序，祭师是鼓场上的领舞者，排在内圈引领人们踩鼓。男子在内圈、女子在外圈，呈反方向旋转，身着盛装的女子在最外圈，一般身着盛装的都是未婚姑娘，在最外圈一是可以展示自己的盛装，二是便于异性进行观察，在来来回回的踩鼓中找到自己的意中人。踩鼓到下午三、四点接近尾声，祭祀结束后，鼓藏头会把糯米饭、特酿的招龙酒分献给踩鼓场上的人们。招龙节结束后，主祭师傅、鼓藏头、陪祭的身份恢复为普通村民。在仪式中村民们通过与神灵的沟通，把希望寄托于之后龙神对当地子孙的庇佑上，从而精神上得到了极大的慰藉。通过举办的各种娱乐活动，娱人娱神，使民众心理上得到满足。

仪式结束后，财会人员、负责采购的人员还需要对活动中的各项经费支出进行核对和结算，在祭祀活动中使用了哪些物品、物品的单价、其他的费用支出以及剩余的款项都要一一罗列出来张贴在村子公告栏处。剩余的不便于存放的物资会折价卖出，香纸等易于保存的物品留着下一次集体活动再使用。结余的款项如果不多，会留在村委会保管，下次活动再使用。有时结余款项较多时，会按之前分摊的户数把结余款项平均分给各户。对于经济基础一般的家庭而言，由于招龙节接待的亲戚朋友较多，需要不断地买猪、鸡、鸭等荤菜来招待亲戚朋友，很多时候会透支家庭的开支，给家庭带来一定的经济压力。因此有些人在仪式结束后就外出做生意或者打工，以弥补在节日期间财富的亏空。

招龙节是麻料苗族祖先为了生存，对所处生活环境做出的一种反应，既是他们对艰难困苦的抗争，也是对如何获得美好生活的一种思考。它的产生和变迁随着民族实际生存的需要而不断变化，因为他们害怕天灾人祸却又没有能力与之抵抗，因此把招龙节作为一种精神上的寄托。招龙节之所以能够亘古流长地传承下来，并成为当地吸引游客的一种非物质文化遗产，也说明了招龙节本身就已经拥有了一定的历史厚重感，形成了一定的地方特色，成为麻料村旅游发展的一块"金招牌"，也成为麻料村手工银饰锻造技艺传播的一种新媒介，具有了一定的经济功能和传播功能。招龙节这些现代文化活动的增加，实际上也是保存民族文化与适应新的生活环境的有机统一。

2.鼓藏节

鼓藏节又叫祭鼓节，苗语称（nongx hek nes）。关于鼓藏节的来历，流传着这样一个传说：树心里生出了蝴蝶，蝴蝶生下了十二个蛋，成为十二个蛋的妈妈。蝴蝶妈妈孵蛋三年，孵化了十一个，包括雷公、鬼神、龙蛇、虎豹、豺狼、拥耶（意为"最早的男人"）、妮耶（意为"最早的女人"）、鬼、神、兽。但剩下的那个蛋孵化三年以后，依然是一个蛋。蝴蝶妈妈只好请暴风帮忙，暴风把蛋刮下山崖，蛋壳破裂，钻出一头小牛。小牛怨恨蝴蝶妈妈没有亲自孵下它，把蝴蝶妈妈气死。拥耶、妮耶用牛耕地种田，但就是从未有过好收成。鬼神告诉拥耶、妮耶，因为大牯牛气死了蝴蝶妈妈，所以才叫牛耕的田里长不出好庄稼。只有把大牯牛杀掉，祭拜蝴蝶妈妈才能求得庄稼的丰收。拥耶、妮耶宰牛祭拜蝴蝶妈妈，立刻就迎来大丰收。于是后来的人为了祈求庄稼丰收，也效仿宰牛祭祀的行为。[①]

这一故事传说除了表现当地历史发展的农业需求外，用牛祭祀先祖，也体现了苗族人的祖先崇拜。在麻料村民的记忆中，传统的崇拜还停留在自然崇拜和祖先崇拜这种自发性的崇拜，尤其是祖先崇拜更加突出，当地人所过的节日的祭祀活动几乎都是对祖先的祭祀，很少有对神，或某个英雄人物的祭祀。当地人把死去的人分为两种，自然死亡的人会变成好鬼，

---

① 向芳:《苗族的艺术起源神话研究》，南宁：广西民族大学硕士学位论文，2020年。

认为好鬼"就是在他坟边边睡觉都没有事"，非自然死亡的人会变成坏鬼，坏鬼"在路上甩石头着你"。好鬼会保佑人们，坏鬼会对过路的人做恶作剧。在麻料的发展历史中，没有由自发性的崇拜转向创发性的崇拜，但也可以从中窥探，在这块土地上生活的先民们，人格中有一种原始的平等精神。①

在苗族看来世间万物都有神灵，自己的祖先逝世以后，灵魂还在庇护自己的儿孙们。依照着这个灵魂不灭理念，苗族民众就在十二生肖的轮回中，每隔十三年，苗族中的一个支族或者同宗的一个地区的民众要宰杀牲口祭祀自己的列祖列宗和在这片地区生活着的山水神灵。②

鼓藏节十三年过一次，一次过三年。第一年过五天、第二年过七天、第三年过九天。如果人们感觉意犹未尽的话也可以多加两天。比如第一年五天的节日过后村民觉得没有尽兴，那么他们就可以再加两天，但是这样的话第二年的鼓藏节就要过九天，第三年的鼓藏节就要过十一天。鼓藏节具体日期是在十月的"龙天③"，和苗年同日，如果鼓藏节和苗年撞在一起的那三年麻料人就只过鼓藏节，不过苗年节，所以鼓藏节会非常隆重。

以前，苗族人都是杀牛祭祀祖先，进入农耕社会后，牛成了每家每户不可缺少的劳动力，杀牛祭祀会影响到村民们的耕种，考虑到猪本来就是为了食用的，杀猪祭祖可以减小村民的经济压力，后来渐渐地麻料村就改为杀猪祭祀祖先。在鼓藏节杀猪祭祖之前，要先杀一只雄鸭祷告祖宗神灵，让他们知道每十三年一次的祭祖节日鼓藏节到了。鼓藏节时杀的猪也是很有讲究，首先，猪必须是阉割后的公猪，四肢不能畸形，猪毛不能有漩涡；其次，杀猪的时候要说鼓藏语，猪死后要先用稻草覆盖在猪身上，

---

① 材料由麻料村李GZ口述，经笔者整理所得。访谈时间：2019年6月10日；访谈地点：李GZ家中。

② 贾雪玲：《月亮山苗族鼓藏仪式的个体社会化功能研究》，重庆：西南大学博士学位论文，2013年。

③ 所谓的龙天是用十二生肖来排的，即每月上旬属龙的那天。

称之为"盖被子";最后,用稻草点火,把猪毛烧掉,称之为"照太阳"。[①]

村里除了要集体杀猪祭祖外,村民们自己还要杀猪过节,为亲戚来抬猪腿做准备。鼓藏节祭祖时,每一家会先将猪胸部的大块肉割下来,煮熟后切成坨坨,主人烧香烧纸,用猪肉、猪肝、鱼、糯米饭祭拜祖先,然后开始祷告,祈求祖先保佑家人身体安康,祈求村里风调雨顺。祷告完以后,主人家就会分坨坨肉给大家吃,称为"仓满门"。吃多吃少不管,但是不能浪费。吃的时候不能加盐也不能加佐料,意在让人们记住以前祖先们的艰辛,告诫人们食物的来之不易,不能浪费。吃的时候也只能说鼓藏语,例如吃饱了不能直接说"吃饱了",要说"仓满了",其意旨在吉利。

苗族过鼓藏节,一定要邀请自家的亲戚朋友来过节抬猪腿,亲戚朋友来得越多,主人家就会越高兴。亲戚朋友来时都要带着一筐糯米饭,一只鸭子,还有几条鲤鱼。鲤鱼可以是三条、五条,也可以是七条、九条,总之一定要单数。带来的糯米、鸭、鲤鱼就是当天的晚餐,而且晚餐由亲戚朋友自己来做,主人家不能插手。亲戚朋友来时还要买上鞭炮,一到寨边就开始放,意在给主人报信。鼓藏节那天大家很忙,所以一般亲戚朋友都会提前一天到主人家去。第二天天一亮客人们就会起来,帮助主人家一起杀猪祭祖。节日过完后,客人就要返家,客人离开时,主人需以猪腿一条、糯米饭筐赠送,如果是姑爷舅爹,送猪腿时定要带有尾巴,以示尊重。如果有两个舅舅的话就要看外婆住在哪家,跟外婆住一起的舅舅就会拿到带尾巴的那条猪腿。有时候主人家会弄错,这需要事先打听清楚。一旦主人家把带有尾巴的猪腿送错对象,亲戚们会生气,有时甚至会引发争吵。分猪腿的现象也体现了麻料村人的机智,本来一头猪就只有一条尾巴,不管把带尾巴的那条猪腿给哪个亲戚,其他人都会留下埋怨,于是他们就把带尾巴的猪腿送给和外婆生活在一起的舅舅,作为一个习俗规定来执行,这样就可以防止发生不必要的纠纷,也可以看作是对孝道的一种认可和弘扬。

[①]　材料由麻料村李GZ口述,经笔者整理所得。访谈时间:2019年6月10日;访谈地点:李GZ家中。

鼓藏节的活动以踩铜鼓跳芦笙舞为主，节日时间一般会持续五至九天，也是单数。鼓藏节是由鼓藏头组织领导的，从杀猪祭祖，到节日活动的系列程序均由"鼓藏头"组织安排，人们必须服从。临近鼓藏节时，基本上家家户户都将米酒、糯米、猪等等准备好，尤其是猪和米酒，基本上要提前一年准备。猪是按照家里亲戚的多少，来决定要宰杀多少头猪，基本上来的每一家亲戚都能得到一条猪腿。由于每家来的亲戚都要分一条猪腿，因此亲戚多的人家甚至会一次杀七八头猪，有时亲戚会带朋友来，主人家也会送给亲戚的朋友一块肉，以体现出主人家的热情好客。可见麻料村的村民还是有一定的经济基础，但也会出现有些家庭因为这种消耗而财富亏空的，那么在节日后就得想办法多挣钱进行弥补。

鼓藏节第一天，村里会组织跳芦笙、举行篮球比赛，芦笙不会跳太久，只是起个头，节日的第二天才会正式开始跳芦笙。篮球比赛已变成了节日第一天的"热身"活动，因为除了中午，都安排有篮球比赛，可以看到传统节日中的节目流程发生了变迁，加入了一些现代元素。除了打篮球和跳芦笙之外，鼓藏节还会举办大型的文艺晚会。麻料村的晚会已经办了十多年，每一次鼓藏节办晚会的费用大概是十五万左右，这笔钱除了村里每家每户集资的以外，很大一部分都是由政府来出。

鼓藏节期间也有很多禁忌：比如盐巴不能直接说盐巴；杀猪刀不能说是杀猪刀也不能说是刀；死了也不能说死，要说"没有了"或者"不在了"，诸如此类的话来代替。另外，村民们认为在鼓藏节期间有人去世是非常不吉利的事。如果有人在鼓藏节期间去世，他的家人都不能声张，也不能说他死了，家里人吃饭的时候要当他像没有去世一样照常叫他起来吃饭。节日期间也不能挪动逝世的人，不可以为他设灵堂，家人即使很难过也不可以哭丧，村民更不会到死者家里去吊唁，必须要等到鼓藏节结束后，去世的人才能下葬。不过通常鼓藏节如果遇到村里有人去世，村里就会决定减少鼓藏节的天数，以便死者能早点入土为安。在外人看来这可能有点难以理解，但也表现出麻料村人对于祖先崇拜的格外重视。

3. 吃新节

吃新节，苗语称（nongx nol），又叫尝禾新节、新禾节。由于吃新节是在每年农历六月的"卯日"举行，因此在苗语里称为"农卯"或"吃卯"。关于吃新节的来历，麻料村有这样一个故事传说：

相传在很久以前，人们是没有谷子的，只有天上的雷公掌管的谷子国才有谷子。人们只能在深山老林里打野兽、猎飞禽、讨树果、摘野菜吃，日子苦得很。为了得谷种，苗族的老祖先告劳拿了九千九百九十九种珍禽异兽到谷子国去调换，得到九斗九升九碗谷种，放在木板仓库里，等翻春播种。没想到，一天晚上，手很长很长的阿乌友，手扒着天边，借着天灯，踩着石睢，不停地舂着蕨粑根，一不小心，碰到了天灯，天灯恰恰掉落到木板仓顶上起了火，火越烧越大，没法扑灭。谷子在仓里乱蹦乱闯，哭喊连天，最后乘着火烟飞上天，跑回雷公家去了。告劳三番五次回去找雷公，请他劝回谷种。哪晓得雷公死活不认账，讲谷种没有上天。没法子，告劳又和雷公商讨：再拿九千九百九十九种珍禽异兽去换回谷种。告劳嘴巴磨破了九层皮，嗓子说干了九坛水，不通情理的雷公还是死不答应，告劳只好动了九天九夜的脑筋，想出了一条秘计：等谷子成熟时节，派一只狗到谷田里去打几个翻滚，让谷颗颗粘在毛毛上带回来。古历七月十三日早上，狗正要出发时，告劳又交代：要取谷子秆有五尺高，穗穗有五尺长的谷种，但狗因忙于取谷种，心情太急，走到南天门坎下，不小心绊倒石头，跌了一跤，打了好几个滚。待狗起来时，却把告劳交代的话记颠倒了。结果，狗跑到一块穗穗只有五寸长的谷田里赶忙打了几个滚就往回跑。没想到，秘计已被雷公识破。当狗回到天桥时，雷公早派了九十九个彪壮的武士把守在桥头，把狗打落天河里。武士们都以为天河宽，深得没底，狗只有死路一条，量它有十二条命浮过河回去，谷子颗颗也早被水冲洗光了。这样一想，武士们都乐呵呵地向雷公报功领赏去了。他们万万没有想到，狗落入天河后赶紧把尾巴高高翘在水面上，然后费了九牛二虎之力，浮过了天河，回到了人间，尾巴上恰恰还粘有九颗谷种。有了谷种，告劳欢喜得不得了，便把原先准备拿去换回谷种的所有珍禽异兽给狗吃，以作酬谢。狗吃了九年才吃完，传说从那以后，狗便学会吃肉食了。①

这个故事的神话传说色彩浓重，体现了人们取得谷种的艰难，却又会轻易地被上天所剥夺。人无力与天直接作斗争，只能用尽聪明才智，让自己存活下来。曾经的麻料先民也是以农业为主要生计方式的，之所以流传这个故事，一是为了告诫人们粮食的来之不易，二是为了鼓励人们要运用自己的聪明才智与大自然作斗争。在当地人眼中，过吃新节是为了庆祝有新谷子吃，说明了种田这一生计方式在麻料村的历史上是非常重要的。

尽管这个故事在雷山县各地广为流传，但非常有意思的是，笔者在与村里人的访谈中发现，一些人听过这个故事，但是并不认同这个故事，有些人直截了当地说这个故事是别人编的，是假的。② 现在人们已经具备了一定的科学逻辑懂得用科学的方法去解释大自然，对于这样的神话，已经不再相信了。这也与麻料村生计方式的变化有关，现在麻料村已经很少有人种田，大家似乎已经不再需要这种故事来构建尊重粮食的社会秩序了。

吃新节一般都是在栽秧结束后，大部分稻谷都已经打包的农历六月的"龙天"过节。苗族吃新节时，各家都要提前一两天用糯米包粽粑，为了过好节，每个寨子都要杀一两头猪或牛分别卖给各家，村民们还要杀鸡和鸭来祭祀祖宗神灵，以及象征护佑家中子孙安康的神"岩妈""花树"。在这个节日里，家家户户都会准备几种不同的糯米，蒸出好几种不同颜色的糯米饭。吃新节的节日饭通常都会被安排在下午，多以糯米为主食。吃新节是在农历六月份，这个时候稻子已经在孕穗，甚至有的已经抽穗。村民们都会早起叫小孩子或者大人去田里扯七至九根稻秧包回来，稻秧包要选比较嫩的那种，剥开后放在糯米饭上，和着家里做好的鱼肉，然后祭拜祖宗天地神灵，意味着不只我们活着的人能品尝新米，逝去的先祖们也能品尝新米。这样做既是祭奠先祖，也是寻求祖先保佑，同时祈祷今年能有

---

① 故事由李GZ老人口述，经笔者整理所得。访谈时间：2019年6月8日；访谈地点：李GZ老人家中。

② 笔者在与村里的黄TD老支书、黄TR老人、李GZ鬼师、李GM等老人的闲聊中提及该故事，他们的反应几乎都是摆摆手，一笑置之，并且告诉笔者都是为了说来"好玩"的。

一个好的收成，家人能幸福安康，祈祷完毕才开始进食。

吃新节的活动日期为七天，这七天青年男子们可成群结队从一个寨子到另外一个寨子去游方，姑娘们也盛装到游方场上相迎对歌。最热闹的日子，要数前后逢赶集的两天，当地人称"赶热闹场"。这天村里的男女老少都会着盛装去丹江或者西江赶场，赶热闹场的时候村里的男青年会三五成群地去寻姑娘"游方"。因为根据祖宗规定麻料村村内是不能通婚的，青年们只能去其他村寨"寻姑娘"，相互对歌，通宵达旦，歌声不息。

吃新节虽然不如招龙节和鼓藏节隆重，但活动内容也很丰富。鼓藏头会组织大家在村口的水塘处进行斗牛、斗鸟比赛等娱乐活动。以前吃新节还举行过赛马比赛，后来养马的人渐渐少了，加上现在交通发达，人们都选择乘车出行，会骑马的人也不多，因此，也就取消了赛马比赛。以前，牛在麻料人的生活中扮演着重要的角色，早期的鼓藏节会用牛来祭祀祖先。人们在节日中会斗黄牛，在斗牛比赛中取得胜利的人会得到一定的现金奖励，据说以前斗牛输了的人还会得到一把镰刀，意思是他家的牛不够强壮，不够厉害，所以要多割一点草给它吃。生活环境的不断演变，牛的成本及作用也越发增加，之后就改用猪来祭祀祖先。随着麻料村生活方式的变迁，牛的耕犁作用逐渐被机械所取代，现在麻料村几乎不喂养牛，在当地找不出五头牛来，因此，该村的斗牛活动也随之消失。村民们还会进行斗鸟比赛，斗鸟是近几年才流行起来的，这些鸟基本上都是村民去山上捉来的画眉鸟。在麻料村几乎家家户户都养鸟，有的不止养一只。斗鸟时如果认为自己的画眉鸟很厉害，可以押赌注在自己的鸟身上，如果觉得别人的画眉鸟厉害，也可以下注，斗鸟也伴随着赌博的性质在里面。赛后，那些比赛输掉的鸟会被放回山上去，赢了的鸟则会留下来悉心养着，等到下一次节日的时候继续参加斗鸟比赛。村民们普遍都认为麻料村山上的鸟比外面卖的打架厉害，李BF老人自己从山上捉来的画眉鸟就是一个"常胜将军"，在斗鸟比赛中经常拔得头筹。曾经有人出1000元的高价来向他购买，但是他自己也很喜欢斗鸟，舍不得卖。

吃新节的产生，是当地人自然崇拜和祖先崇拜的产物，目的是为了祈求祖先和神灵们保佑孩子们身体健康，庄稼能够有个好收成。面对天灾，人们无能为力，所以只能寄希望于祖先和神灵。而医疗设施的落后，人们也只能希望孩子们的身体能像岩石那样强壮，寿命能像竹子那样绵长，像那些参天大树一样茁壮成长。

随着时间的推移，生活水平的提高，医疗条件的改善，人们逐渐能够对一些自然灾害做出有效的应对，对于神灵的依赖感也就随之下降。一旦人类自己的生命安全和生活条件得到一定保障后，他们的欲望便从生存型向生活型过渡，于是就产生了游方、赛马、斗牛等新的节日活动。吃新节在新的时代里又承载了新的思想内涵，被注入了新的灵魂，有了不一样的社会功能，因此被传承到今天。

由此我们也可以看出，节庆习俗的形成有一个循序渐进的过程，内容不断被丰富充实，也会不断改变，在历史的风霜雨雪中不断历练出历史文化精华。同时，节庆习俗要想不被人们遗忘，除了要拥有自己不可替代的独特魅力外，还需要人们适时地结合现实，不断注入新的灵魂和文化因子，才能展现出节庆习俗的精神价值和社会价值。

图 5-10　村民家祭拜的花树

4. 苗年

苗年，苗语称（hongx niag），相当于汉族的春节，苗族称为"农酿"，意为"吃年"。苗年的日期是农历十月的卯日（也有说在龙日），持续时间一般为五到十二天左右。

每到苗年节的时候，村民们家家户户都要事先将房子打扫得干干净净，将屋子里废弃的东西清除，添进一些新事物，是为除旧迎新。苗年的时候村民们要杀鸡鸭，同时要打糯米粑，此外还要杀猪、做香肠、血豆腐、为家人添置新衣等，这些和汉族的春节习俗类似。还有一些特别的习俗，比如在苗年期间，家务由家中的男子来做，女子不做；亲戚朋友之间相互走亲戚过年；吃年饭一般是在下午，吃年饭前要在祖宗灵位前和大门燃上香纸，并以酒肉和糯米粑祭祀祖宗与天地神灵，第二天早上的饭称为年早饭，一般在天蒙蒙亮时就得吃饭了。吃了年早饭后，到中午做些好菜好酒，然后去邀请一些亲戚和叔伯们来享用。苗年的活动主要是跳芦笙、斗牛、斗鸟以及一些体育活动如篮球比赛等。在这期间，年轻男子可以白天结伴到别的寨子去吹芦笙和找姑娘游方，而姑娘们也整天穿着节日服装在芦笙场或游方场，等待别寨青年的到来。

不过，现在的苗年节早已经是盛景不再了。随着信息时代的到来，国家经济水平的上升和经济体制的变化，越来越多的麻料人选择到外面去打工和创业，村里剩下的基本是一些老人和手艺人。因为工作时间的原因，很多的年轻人都不能回到村里过年，麻料村的"苗年味"也越来越淡。

苗年变得冷清的背后包含了多方面的原因。首先，麻料村里节庆习俗众多，难免有一些节日在仪式上或者其它方面有重复性，容易引起人们视觉疲劳。其次，受到外来民族文化的冲击，外来节日更加新奇有趣，从而吸引了苗族年轻人的目光。第三，麻料村年轻人工作环境的变迁，也是影响苗年变迁的重要原因之一。李ZZ老人[①] 说："苗年节之所以越来越冷清，是因为孩子们都在外面工作，请不了假回来过年，没有人过年就没意

---

① 访谈对象：李ZZ，男，68岁；访谈时间：2019年6月12日；访谈地点：李ZZ老人家中。

思了，所以渐渐就不怎么过了。"由此可以看出，生产生活方式的变迁对于民族文化继承所产生的影响。

招龙节、鼓藏节、吃新节也是麻料最为隆重的几个节日，凸显了麻料村独特的社会历史文化和农业生产文化，也是其祖先的思想观念和人生价值认识的体现。但是近年来随着麻料旅游文化和银饰锻造工艺的发展，这些节日都发生了很大的变化，除了节日里原有的一些民族活动外，又加入了如打篮球比赛、银饰刺绣比赛、歌唱比赛、晚会表演等现代活动。"民族风"与"现代风"的结合将村里的民族文化和旅游文化糅合在一起。

随着旅游业的快速发展，民族文化作为旅游产业的核心内容之一已经被各级政府所认同，在这种背景下，由政府主导的民族节日越来越多。[①]小苗年是近年来西江旅游文化发展的产物，没有任何的历史文化的沉淀和特殊意义的加持，只是为了迎合游客的兴趣爱好。诸如此类，许多民族节日的商业化气息也越来越浓郁，而一些真正的有意义的民族文化反而越来越难以被人们记住。因此在保护民族节庆习俗精神实质的同时，如何去实现节日的经济价值和社会价值，这也一直成为学界经久不衰的议题之一。

四、礼仪开支

本小节我们要展开讨论的是麻料村人在人生礼仪中的人情往来与礼物互赠。自马林诺夫斯基在《西太平洋的航海者》[②] 中对特罗布里恩德群岛上的一种特殊的交换制度"库拉圈"进行记述与分析后，人类学界便涌现出一批学者对于人类的"交换行为"进行讨论。

莫斯在《礼物》[③] 一书中通过多个部落中出现的"夸富宴"和"库拉"

---

① 薛丽娥：《论政府参与模式对民族节日文化的影响》，贵州民族研究，2009年第5期。

② [英]马林诺夫斯基：《西太平洋上的航海者 —— 美拉尼西亚新几内亚群岛土著人之事业及冒险活动的报告》，弓秀英译，北京：商务印书馆，2016年，第93页。

③ [法]马塞尔·莫斯：《礼物 —— 古代社会中交换的形式与理由》，汲喆译，北京：商务印书馆，2016年，第16-19页。

交换来阐述"礼物交换"的理论。莫斯将"礼物交换"的理论称之为"总体呈献体系",即人与人之间需要有义务性送礼、义务性接受以及义务性回礼。互惠性体系之所以存在,是因为社会需要它去保证社会活动的进行和社会规范的建立,基本上所有的礼物交换都是为了建立某种社会关系,参与某种社会活动。不同于莫斯所关注的"物",列维·斯特劳斯在《亲属的基本结构》^①中提出了妇女是"最高等级的礼物"这一概念。他认为原始社会的婚姻并不完全是为了满足性欲,妇女通过婚姻进行的交换实则是氏族之间在进行劳动力交换的形式之一。阎云翔在《礼物的流动》中分析了中国的一个乡村社区下岬村如何借助礼物的交换这一传统方式来实现人际网络关系的建构。^②同时,他也对自莫斯以来人类学礼物研究的三个基本问题,即互惠原则、礼物之灵及礼物与商品之间的关系进行了回应。阎云翔认为不同于西方社会,中国的互惠原则是在人情伦理模式下运行的,同时在等级情境下,礼物的流动并不总是遵循互惠原则。下岬村的礼物交换并不包含超自然的性质,中国人更关注的是人情,是人与人之间的关系将礼物的馈赠双方联系在一起。综上,"互惠""礼物交换"的研究在西方学术体系中已经得到了很大程度的发展,而阎云翔的研究更符合中国现实的研究路径。事实上,在现代性的视域下乡土社会的随礼行为已经发生了很大的变迁,我们所能观照的便是通过麻料村的个案调查来追溯村民的随礼行为在村落变迁进程中所呈现的结构性规律。

这里我们所界定的人生礼仪仅限于诞生礼、婚嫁礼和丧葬祭礼。传统礼仪不仅存在于家庭、家族和个人经历中,它也对人际交往产生深刻的影响。出生、结婚、死亡是人生必经的仪式程序,从经济学的角度来看,这三个阶段也是家庭不得不耗费巨资来完成的仪式。彩礼、嫁妆是为新人组建新家庭而给予的必要的经济支持,而葬礼中的花费也是必需的措施。人

---

① 转引自王俊杰:《人类学视野中的礼物世界》,云南民族大学学报(哲学社会科学版),2007年第2期。

② 阎云翔:《礼物的流动 —— 一个村庄中的互惠原则与社会网络》,上海:上海人民出版社,2000年,第6页。

生的这些重要关口需要花费大量的钱财才能得以通过，因此一般又把人生礼仪称为"通过仪式"。一个家庭中，礼仪开支占着家庭收入大部分的比重。

"出生礼"，也被称为"诞生礼"。传统诞生礼中由几种礼仪组成，分别是出生三天时的三朝礼、出生一个月时的满月礼、出生一周岁时的周岁礼。只有将这些礼仪完成后，才是对一个新生命的迎接过程的完成。

孩子出生后的第三天叫"三朝"，苗语称（Bie Da），这一天男方家会煮鸡蛋，用品红把鸡蛋染红。女方娘家先由外婆来探望新生儿，外婆家会带一升米、土鸡蛋、三床小被子、三套小衣服来看外孙或者是外孙女。笔者田野期间刚好遇到所居住的DX农家乐的李SH老板喜得孙女，以下是通过笔者参与"三朝礼"进行的个案记录：

一大早李SH就起来烧水准备杀猪，杀猪的人都是家族里的或是村里某位会杀猪的屠夫，同时李SH在香火前杀鸡，拿着鸡血来敬祖先。约莫10点左右李SH的儿媳妇便给小婴儿换衣服，顺便帮忙做些力所能及的事情，这时候锅里面已经煮着猪肉，鸡肉，旁边还有已经炸好的鱼。家族里面的老人、妇女和儿童都来帮忙揉汤圆来煮甜酒粑，揉汤圆的材料由主人家自备，待揉完下锅煮好后，会让老人们先吃，后面的人再跟着吃。等到猪肉和鸡肉都煮熟以后，李SH就在香火前摆一个烧纸的盆、一碗米饭、一碗肉、一碗酒，麻料人称为"敬香火"，这是满月酒开始前必不可少的仪式。待摆好"敬香火"的物品，李SH便到自家大门口烧纸、烧香，把点燃的香插在门槛上。门槛旁还摆有一个方形桌，摆有三个装酒的碗、三盘肉，这就是传说中的拦门酒。大约中午11：30左右，李SH的丈母娘和小姨子来了，她们抬了一担东西，里面有米、有一只母鸡等，每一位来参加满月酒的亲戚都需喝过拦门酒方能进家门，拦门酒（见图5-11）至少要喝两杯以上。大约12点左右，李SH儿媳妇的娘家人来了，带的礼物有一只猪腿、大米等，随行的亲戚还带了补品、牛奶等物品，笔者还观察到有的妇女用升斗装米，米上再放十个鸡蛋，经过笔者的仔细询问才知道放在米上的鸡蛋是用来给孕妇补身体的。待亲戚朋友喝过拦门酒后便会在家里的大厅等候，李SH的儿媳妇便把孩子抱出来给亲戚们看。一般来说，参与满月酒都是以婆家和娘家的女性为主，所赠送的物品多为米、蛋、奶等为产妇补充营养的物品。

图 5-11 拦门酒

不同于满月酒的从速从简，麻料人在丧葬仪式中的随礼、回礼都显得繁杂且隆重。在送礼方面，对于孝家的邻里来说，一般都会较早的上门吊唁，送来礼物，一般这部分亲友多数都是送一、两斗大米，并且会送点小礼金，一般都为几十块不等，邻里之间很少有送礼金达到100元的。准备好相关事宜后，主人家就会通知厨房准备早饭给大伙吃，吃完早饭之后就是准备正席阶段，这个时间段也是亲戚主客们前来吊唁的时间，通常亲戚会带一头猪、糖、酒、糯米等参加葬礼。在礼金方面，一般都要送200以上，有多送多，有少送少。在回礼方面，对邻里之间的回礼，往往就是酒席上的一顿饭。对宾客的回礼，又分为两种方式，首先宾客分为两种，一种是主人家通知到的主客，一般被通知的客人都要带一头猪前去参加葬礼，待葬礼结束，主人家会回礼一只猪腿给客人；另一种是未被通知前来参加葬礼的宾客，这种类型的宾客往往会带着礼金来，主人家在回礼的时候就会回一块猪肉，主人家所通知的主客除了送猪外，其余所送的礼往往取决于自家的经济情况。这种送礼的多少、回礼的多少往往在一定程度上表达了一种财富的象征以及人际关系的建立。莫斯在《礼物》[①]中说，礼物的馈赠既有强制性也有自愿性，如在楚克人的感恩仪典上，不得不把剩余的祭品丢进海里以示感恩。中国自古就是礼仪之邦，讲究人情伦理。在麻料村的葬礼中，人们随礼可能就存在这样一种强制性但同时又是一种自愿性的礼物馈赠方式，特别是亲戚送礼就意味着要花一大笔钱，对经济好的人家还好，如果是经济不好的人家，在参加完葬礼之后，可能家里有一段时间会面临经济困难，有时甚至是一年，但是因为这是人与人之间交往并持久建立感情的方式之一，同时这也是一种传统，一种义务，所以这又是一种不得不为的行为，送礼与回礼这种礼物之间的流动将互赠双方的感情联系起来，体现了人们对人情的表达，面子的维护，起到维持社会生活长期有序的作用。阎云翔在《礼物的流动》[②]中，借用了贝夫关于表达性与工具性的二分法，贝夫认为，礼物交换同时具有表达性和工具性的功能，表达功能即赠者和收者之间既有的地位关系决定了礼物交换的情状（要送礼物的种类与价值），而馈赠支持了该地位关系，这与礼物馈赠的工具性运用形成了对照。在后一种类型中，交换状况（礼物的特点与价值）决定了社会地位，即一个人通过送礼而操纵了地位关系。

---

① [法]马塞尔·莫斯:《礼物——古代社会中交换的形式与理由》，上海：上海人民出版社，2002年，第24页。

② 阎云翔:《礼物的流动——一个中国村庄的互惠原则与社会网络》，上海：上海人民出版社，1999年，第102页。

五、教育

（一）学校教育

1. 本地学校教育的发端

雍正八年（1730年），丹江厅设义学，① 对苗民子弟开放，麻料村家境好的家庭会把孩子送到丹江读义学。黄TD老人说，比如黄氏高祖黄仲寿就曾经在丹江读过义学，后丹江义学开设到张秀眉起义前关闭。

光绪二年，丹江厅在鸡讲汛培塘堡设鸡窗书院。光绪九年，废鸡窗书院改义学。② 麻料村有几人曾去就读一段时间，后来，家中有钱的就请"先生"到家中来教孩子识字。③

直到民国三十三年，麻料村李氏家族几户有钱人家觉得请"先生"到家中教识字，孩子确实学不到什么知识。于是，几家商议，决定出资修建学校。除了几户李氏家族出资外，寨上李家、黄家、潘家以

图5-12 麻料村第一所学校纪念碑

及杨姓、唐姓、陆姓等外姓的人一共捐资三个大洋，出资请教师一人。第一所学校位于现在的村委会办公楼（见图5-13），老人们说原来在楼顶

---

① 雷山县志编纂委员会：《雷山县志》，贵阳：贵州人民出版社，1992年，第600页。

② 雷山县志编纂委员会：《雷山县志》，贵阳：贵州人民出版社，1992年，第600页。

③ 麻料村黄TR老人的口述。访谈时间：2019年6月8日，访谈地点：麻料村村委会。

梁上能看见当时刻的字，学校旁边还立了碑（见图5-12）。后因2017年办公楼翻新，顶梁上只剩一小节所刻的字，石碑在破四旧时被打碎，残余部分被驻村干部放在了博物馆。第一所小学共有60多个学生毕业，学校于20世纪五六十年代被停办废弃。

2. 现代教育的兴起

1980年，麻料村产生第一届村委会。经村两委商议，重新修建学校。麻料有138户，按每户出资20元，总共筹集了2760元。考虑到当时资金的困难，每户还要求出两根木材，后来由于请的木匠师傅没有按时来到，未能正常施工，最后由麻料村的10个村民小组的组长，10个村小组会计，两名党员，三名木匠师傅以及一名村会计，总共26人，历时13天修筑了麻料第一所学校。起初所修建的学校是民办性质的（村集体集资），当时学校有教师三名（李X、李GH、李GM），带有六个班级。时任教育局局长是陈XR，副局长吴YG，在他们的支持下，后来政府出资聘请教师，村集体筹资聘请的教师被政府聘请的教师替代。由此，民办学校变公办学校，在建校三年期间，共有三个班级毕业，可见当时在麻料求学的年轻人人数较多。①

老支书黄TD② 说："现在寨内与他同龄的男子基本都读过书，文化程度在小学以上。当时都是精英教育，他们留级的次数很多。后来因温饱未能解决，家庭没有能力再支持子女读书，于是大多只能读到小学，少部分能读到初、高中。建国初期，麻料村就出了很多区长、乡长。"

后来撤乡建镇后，考虑到堡子村、控拜村以及乌高村的距离，学校先后被搬至控拜村和乌高村。学校搬到乌高村后，学生需要走几十分钟的山路才能到达学校，中学需要去西江或者雷山县城就读，但目前在县内就读的学生也很少，主要是因为麻料村的银饰产业发展，许多家庭举家到城市去做生意，孩子也跟着去到城里上学。截至2019年6月，麻料的义务教育

① 2019年6月3日，雷山县西江镇麻料村老支书家中访谈资料，访谈人：李雷锋，受访人：老支书黄通达。

② 访谈对象：黄TD，男，78岁；访谈时间：2019年6月3日；访谈地点：黄TD家中。

图 5-13　麻料村第一所小学原址

阶段113人，其中小学有70人，初中有43人。在雷山县内就读的学生占极少数，目前在乌高小学就读的有7人，在西江小学就读的有6人，雷山县城读初中或者中职的有22人。其余的分别在凯里、三都、剑河、铜仁、北京、浙江、湖南、江苏、武汉、广东等地读书。^① 原来的麻料小学已经变成了银饰博物馆。

　　据老人们说村里基本上平均每户就有一位大学生（未经笔者考证，与实际情况或许有一定出入），这里包括的不仅是目前在校大学生，还包括已经毕业的大学生，甚至包括已经外嫁的女大学生等。目前麻料村在雷山县级政府单位工作的达30多人，如现任雷山县财政局局长李GZ、现任雷山县文体局局长潘GF以及原任雷山县宣传部副部长黄LZ等。从事教师行业的不少于15人，并且在各县乡都有零散分布。^②

　　由于扶贫政策的施行，教育精准扶贫到户，寨内条件不好的家庭也

---

① 访谈对象：李J，男，38岁；访谈时间：2019年6月7日；访谈地点：麻料村村委会。

② 访谈对象：潘GF，男，41岁；访谈时间：2019年6月11日；访谈地点：麻料村村委会。

5-14　麻料村第二所小学原址

有能力把孩子送到更好的学校就读。麻料村现今在读的大专生有6人，本科生有7人。读大专的大多数都在省内，读省内省外本科的数据相差不大。① 从麻料村在读学生人数和各不同阶段教育的人数来看，麻料村人是非常重视教育的，村里大多数人都能意识到要走出大山只有通过读书。

（二）成人教育

成人教育区别于学校的全日制教育，它主要指的是通过对成年人的基础知识、职业技能、专业资格等的培训，使成年人能增长能力、丰富知识、提高技术和专业资格，从而使其思维和行为得到改变。

以前麻料村的妇女几乎是不识字的，现在八十岁以上的老人，几乎都不识字。七十岁以下的，会在"夜校"认识一些字。1952年，雷山县成立扫除文盲工作委员会。1953年，雷山县文教科配备扫盲专干承办扫盲事宜，乡政府派专干到麻料村老学校开办"夜校"。"夜校"是当时的知青

① 访谈对象：李J，男，38岁；访谈时间：2019年6月7日；访谈地点：麻料村村委会。

下乡和扫盲运动相结合的产物。每天吃完晚饭后，专干就召集妇女和青壮年都集中到学校进行学习，学习内容主要是教识字和写自己的名字等。起先是强制必须来接受学习，后来管理体制松了，断断续续来的人就少了。① 直到2000年后，"夜校"才又开办起来，主要对象是妇女。驻村干部担任教师，教妇女识字，学会写自己的名字，不至于外出务工看不懂地名，也不会写自己的名字。②

精准扶贫工作开展后，对农村的教育也越来越重视，党和国家要求基层要开班解决农村的教育问题，从教育层次上协助脱贫工作的解决。驻村工作组长期驻村开展工作后，麻料村开办了各类培训班：如银饰培训班、苗绣培训班、烹饪培训班、养殖培训班、种植业培训班等。通过这些措施，使得一大批成年人学会了很多知识。

在这些培训班中，尤以银饰培训班开办得最为成功。麻料村是一个以手工银饰制作在省内外颇负盛名的传统村落。以前由于地处偏僻，交通不便，银饰打造只能靠走街串寨加工销售，类似古代的行商。麻料村世代传承的银饰手艺，都是父子相承，通过自己观摩或父辈口授技术，熟能生巧后方才出师。新一代银匠传承人潘SX说："老一辈银匠师傅思想比较保守，虽然经常出去游商打银饰，但不会轻易把祖传手艺外传，担心外面的人学会了，抢了自己的饭碗。可以说，以前的银饰匠人都是单打独斗，没有抱团发展的意识。"

2017年，为加快脱贫攻坚步伐，麻料村两委因村施策，全村入股近100万元股金成立了麻料村银饰公司，同时申请了58万元扶贫资金建起了银饰博物馆，重点以利益链接的方式惠及47户贫困户，带动全村群众就业创业，抱团壮大村集体经济，撬动乡村旅游。近些年来，很多年轻人都愿意传承银饰手艺，以潘XS、李SH等为代表的新一代银饰匠人都致力于把家乡的银饰文化推广出去。为了扩大麻料手工银饰这个品牌，麻料村成

---

① 雷山县志编纂委员会：《雷山县志》，贵阳：贵州人民出版社，1992年，第627页。

② 访谈对象：黄TD（75岁）、李GH（72岁）；访谈时间：2019年6月8日；访谈地点：黄TD老人家中。

立了银饰协会，将学校改置，开办了银饰传习所、银饰博物馆等。在政府的支持下，找到资金和营销渠道后，越来越多的人开始知道麻料村这个"银匠村"。高校和营销商家都纷纷前来与麻料村建立合作关系，由此带动了麻料村乡村旅游的发展，一大批农家乐和客栈民宿都纷纷开设了起来。

银饰传习所购置传承设备、举办培训、编写教材等。麻料村还选派一批青年到全国各地高校去参加培训，与外面高校进行合作，对原有的银饰样品进行改造创新。原来的银手镯没有图纹，为了迎合新时代的审美需要，麻料村银匠师傅将生活所见所闻进行雕刻。传习所的开办，不仅给寨子里青年提供了银饰学习的场所，还打破老一辈银匠师傅的保守思想，对外教习。至今，传习所教授了游客3000余人次。①

现今麻料村银饰教育得到创新性的发展变化，有13个银饰工坊，数十位银匠老师，接待和传习上千人次。麻料村银饰教育，已经逐渐从以前的分散教习发展成为当今的集中教习。

（三）家庭教育

家庭教育，是家庭长辈对小孩进行的一种教育方法。从小孩很小的时候，长辈就会想方设法给孩子营造一个良好的家庭环境。苗族地区的家庭，无论家中是女孩还是男孩，都希望孩子

图 5-15　女孩的银帽

---

① 访谈对象：潘SX，男，43岁；访谈时间：2019年6月10日；访谈地点：麻料村博物馆内。

具有良好的道德品性。由于苗族的家庭中父母大多数文化程度很低，于是他们就通过给孩子讲述祖辈口耳相传的故事和生活中的禁忌，使孩子的人格朝着良性的方向去发展和塑造。

比如关于麻料村银饰的故事，相传以前有一个叫"你"（苗语称mongx）的老人，两夫妇去田角坎抬泥巴，妇人背上的小女孩一直哭闹。田角坎的一边坡上有映山红花，小女孩一到有花的那一边就不哭了，回到没花这边就哭闹。妇人觉得奇怪，后来看到了那边有花，于是就去摘花给小女孩，小女孩就此不哭闹了。这个叫"你"的老人就想，这个很奇怪，是不是女孩子都喜欢花呢，于是老人就拿银子打成花的形状给小女孩。因为这样，人们就以为女孩都喜欢花，后来在给女孩子们打"银帽"（见图5-15）的时候，就把银饰做成了花的样子。[①]

长辈们讲这个故事给孩子听，一方面通过故事的形式，让孩子对银饰的历史以及银帽上银花的内涵有深刻的印象；另一方面在于激发孩子对本民族银饰文化的兴趣，文化的传承与发展必须有主体文化自觉，只有主观意识上对银饰文化产生民族自豪感，银饰文化才能得到有生命力的保护和传承。家庭教育的主要方式之一是通过口耳相传的民间故事内容来不断加强孩子的记忆，约束孩子的行为，通过故事情节的威慑力来内化孩子的规范意识。以下是笔者在访谈中所搜集到的两个小故事：

故事一：银子与石头的故事。从前有户姓李的人家，家里面穷得揭不开锅了，自己小孩都要饿坏了，他就和自己妻子商量怎么办，妻子说："你去偷前面那家田里的玉米，给孩子煮玉米粥吧"，他不愿意去，但是实在没有办法，所以只好出门去偷玉米。来到玉米地，他觉得太阳在看着自己，不敢偷。回到家，妻子就问他："你怎么没偷到玉米，娃娃饿得很了，怎么办？"他就说："天上太阳看到我，我不敢偷，等到晚上我再去偷。"晚上，他出门去准备偷玉米，看到了月亮，又回来了。妻子就骂他："白天也不敢偷，晚上也不敢偷，饿死你总算了。"没办法，第二天他又跑

---

① 访谈对象：李GC，男，76岁；访谈时间：2019年6月5日；访谈地点：麻料村村委会。

到田里去，转了很久，都不敢偷。天黑以后出现了一个老爷爷，老爷爷就问他："你在这里干什么？"他就如实回答了，老爷爷就告诉他："你不要担心，你去你家的田旁边，你就会有收获。"他听了老爷爷的话，来到自家的田坎边，看到一个银闪闪的石头，走进一看，发现是一块银子，他很开心，是神仙送给他的银子，但是他觉得自己家下个月打谷子了以后就有东西吃了，不可以太贪心，他就说："我只需要一小块银子就行了，秋天我家的稻谷就熟了。"大银子就变成了一块小银子，他就高兴地回家了，回家以后如实告诉了妻子。妻子说："你为什么那么傻，只要这么一小块银子，如果你要一大块我们家就会过上好日子了。"说罢，银子变成了一块石头。①

故事二：龙仙女的故事。很久以前，有个农民，家里面很穷。一天，他在河边钓鱼，突然觉得有什么很重的东西拖住了钩子。他以为是一条大鱼，结果拉上来一看是一只田螺。他就把田螺扔回河里，继续钓鱼，过一会又钓上一只田螺，他就想：怎么一直钓不到鱼，光钓到田螺了。他就跑到河流上游去，继续钓鱼。结果又钓上来一只田螺，他没有办法，只好带着这只田螺回家了。回到家，他把田螺放在家里的水缸里。第二天，他出门干活，中午一回到家，就闻到一股香喷喷的饭菜香，有饭还有肉。但家里面一个人也没有，他觉得很奇怪。就在家门口大喊："是谁家把饭端错到我家里了？你们再不来端走，我就把它吃了。"没有人回应他，于是农民把饭菜给吃了。第二天，他依旧去地里干活，回到家饭菜又做好了。第三天，第四天依旧如此，他就想：到底是谁做的呀！他想弄清楚这个事。第五天，他假装出门去干活，其实偷偷地躲在门背后观察。到了下午，从水缸里出来一个披着长头发的姑娘，这个姑娘长得非常漂亮，只见这个姑娘往锅子里吐了一口口水，口水就变成了糯米饭，往盘子里吐了一口口水，口水就变成了肉。这一切，都被农夫看见了，农夫把门一推，从门背后出来说："你是谁，你来我家做什么？"姑娘羞答答的回答："我是你娶来

---

① 访谈对象：黄LF，男，67岁；访谈时间：2019年6月5日；访谈地点：麻料村博物馆。

的嘛！那天你从河里钓出来的田螺就是我。我原来是个龙女，看你一个人可怜巴巴的，做人也老实，就想和你结为夫妻。"农夫才想起那天钓田螺的事，说："我是一个穷光蛋，你和我在一起会过苦日子的。"姑娘说："不怕，我来了就是为了让你生活过得好一点。"农夫听了，就答应了她。

一天，龙女对农夫说："你今天去砍两捆桦槁树和五倍子树，去山上，在比较平坦的地方插上华槁树，在比较陡的地方，插上五倍子树，插好以后就赶紧回家，不要往后看。"农夫就按照龙女的话做了。第二天农夫出门一看，昨天插过树的地方都变成了梯田，从此，农夫家就开始富裕起来了。过了几年，还生下了一个孩子。

农夫家里富裕起来，引起了周围人的嫉妒。他们就趁农夫出门，龙女在睡觉，就偷偷地把鸡血、鸭血涂在龙女的嘴巴上，把鸡毛鸭毛塞在床底下。等到农夫一回来，就对农夫说道："你的妻子是个妖怪，他把村里面的鸡鸭都吃了。"农夫看到鸡血、鸭血和床底下的鸡毛鸭毛，很生气，对龙女说："我们家有粮有田，你为什么要去偷吃别人家的鸡。"龙女说："不是我，我没有吃别人家的鸡，也不是什么妖怪。""孩子妈，你还是走吧，不然会玷污了我的名声的。"农夫决心把龙女赶走，龙女恋恋不舍地说："我走后，山上的梯田都会消失的。"农夫没有相信。

龙女走后，山上的梯田果然变成了荒地。父子俩的生活越来越苦。龙女不忍心让孩子受苦，就来到家里，悄悄地给了孩子一个竹筒："孩子，你要饿了就对竹筒敲三下，饭和菜就会从竹筒里面出来。"说罢，龙女就飞走了。后来，每到吃饭前，孩子就会从竹筒里变出饭菜来。农夫觉得很奇怪，就问孩子："哪里来的这些好菜好饭？"孩子就如实地对农夫说了。有了竹筒后，农夫家里的生活又开始慢慢好了起来。这时候有一个人知道了农夫家里的竹筒的事，很嫉妒。就去告诉农夫："你这样每天从竹筒里变饭，太慢了。如果你把竹筒劈开不就可以有吃不完的饭菜了吗？"农夫听了话，心想如果自己有吃不完的饭菜不就可以早点过上好日子了吗？于是就用柴刀把竹筒给劈开了，竹筒被劈开后，再也不能变出饭菜了，农夫一家又变回以前的穷苦日子了。①

这些故事都具有典型的教育意义，银子与石头告诫人们不可贪心，是较为常见的教育故事类型。龙仙女的故事与中国民间田螺姑娘的故事框架基本相似，只是在细节的剧情中，改成了善妒的外人对农夫的挑拨，导致农夫一家家庭破碎，家道中落，这是田螺姑娘故事的变形，这一变形，反映了当地家庭关系教化的需要，也说明了当地人对家庭关系的重视。

在吃饭的时候，长辈会告诉孩子吃完饭后，筷子要放在桌上，表示用餐结束，不能架在碗上面，否则晚上会梦见妖怪。② 目的是为了让孩子从小学会懂礼貌，有客人在时不至于失态。吃饭的时候，不允许掉饭，也不允许踩着饭，踩饭粒的话就会被雷公打雷惩罚。③ 这是告诫孩子们不能去触犯禁忌，以此来使孩子们养成勤俭节约、珍惜粮食的传统美德。长辈们认为米饭是辛勤劳动而得来的，"粒粒皆辛苦"，因此米饭不能被糟蹋，如果被糟蹋，定会遭到"雷神"的惩罚，在这其中，也体现了人们对"雷神"的崇拜。

又如长辈们会跟小孩们说：晚上不要用手指月亮，如果指了月亮，月亮会在你睡着以后变成割耳朵的人来把你的耳朵割掉。④ 月亮在苗族中有着特殊的意蕴，这个故事也旨在告诉孩子在生活中，不要养成用手指人的坏习惯，让孩子从小学会尊重人。

关于禁忌方面的教育，是雷山苗族地区的家庭必须进行的内容。如果长辈没有尽到教育的义务，导致自家的孩子触犯了禁忌，轻则需要给寨子里某一户人家赔礼道歉，重则会对全寨进行赔礼道歉。比如在麻料村乃至整个西江地区，每个家族都有一座桥，桥上不可以随意小便，谁家的小孩在桥上小便，桥的主人家知道了就会要求小孩家拿一只鸡、糯米到桥上去"洗桥"，请求"桥神"原谅，与"桥神"和解后才能保佑小孩健康成长。

---

① 访谈对象：黄LF，男，67岁；访谈时间：2019年6月5日；访谈地点：麻料村博物馆。
② 访谈对象：李LF，男，65岁；访谈时间：2019年6月10日；访谈地点：李GM老人家中。
③ 访谈对象：李LF，男，65岁；访谈时间：2019年6月10日；访谈地点：李GM老人家中。
④ 访谈对象：黄HZ，男，62岁；访谈时间：2019年6月8日；访谈地点：麻料村村口凉亭。

如果小孩触犯很严重的禁忌，比如在古树下小便或者砍伐古树，小孩的长辈就要对全寨人道歉。麻料村口的两棵枫香树是这个村寨的守护神，传说这两颗枫香树以前是一对姐妹，她们从台江沿着山脉来到麻料最后被这里的风景所吸引，不愿离开，然后她们就幻化成了两颗枫香树立在村门口，在这里守护着麻料这片土地，庇护着麻料的村民。① 古树被村民们视为神灵，家里的小孩生下来爱哭闹，吃饭不乖，都会去拜古树。古树要选不会落光叶的树木，枝叶茂盛的树代表着生命的永恒，不管春夏秋冬，自家的小孩都会得到这棵树的庇护。现在爱护古树、尊敬古树已经成为麻料的一个传统，这种传统有利于生态环境的可持续发展和人与自然的和谐共处，而社会秩序的设立也得益于长辈对孩子从小的道德教育，这样才能形成人与人之间恪守美德的良好氛围。

　　除了讲故事，一些会吟唱苗族古歌的妇女，在孩子能记事的时候，就会唱一些歌谣，歌词里面包含尊老敬贤、乐于助人、礼仪规范等内容，蕴含着为人处世的哲理。长辈会解释给小孩子听，从而起到一定的教育作用。

---

① 访谈对象：黄HZ，男，62岁；访谈时间：2019年6月8日；访谈地点：麻料村村口凉亭。

第六章　民间信仰

在乡土社会，良好的社会秩序除了通过强制性手段（如法律等）对当地进行社会控制以外，最重要的是还需要有一个自我约束的机制，这个机制就是信仰。民间信仰一直是人类学、民族学界研究的传统课题，民间信仰区别于宗教的组织性，往往出于人的一种自发性的情感寄托、崇拜，伴随着精神信仰而出现的行为和行动。出于对神秘力量的笃信和对后世得报命运的畏惧，民间信仰在一定程度上能够制约村民的行为，从而维持村落内部与外部的秩序性，它也是乡土社会中伦理教化的一种独特方式。

对民间信仰的考察，我们需要将其置于特定的文化背景中。麻料是一个典型的苗族社区，其民间信仰体现了苗族与周边少数民族的融合，通过对当地民间信仰的考察与分析，不仅有助于我们理解村民的生活世界，也有助于理解民间信仰对于维持乡村秩序的意义。麻料的民间信仰由祖先崇拜、自然崇拜、神灵崇拜三大信仰体系组成。

一、祖先崇拜

祖先崇拜是在母系氏族社会向父系氏族社会的发展过程中，由图腾崇拜过渡而来，即在亲缘意识中萌生、衍化出对本族始祖先人的敬拜思想。最初始于原始人对同族死者的某种追思和怀念，后逐渐形成父系家长或氏族中前辈长者的灵魂可以庇佑本族成员、赐福儿孙后代的观念，并开始祭拜、祈求祖宗亡灵的宗教活动，由此才形成严格意义上的祖先崇拜。

在麻料，人们认为家里老人正常去世后，就会拥有三个灵魂，一个灵魂在他的墓里边，一个灵魂回到了家里边的神龛上，还有一个灵魂会陪在家里小孩的身边保护着小孩。①

（一）神龛祭祀

在中国，重男轻女的思想来源于"香火"观念，"香火"既指祭祀祖先时所烧的香纸和烛火，也指家庭中的传宗接代，一个家庭需确保至少生一个男孩来继续完成对祖先的祀奉。在中国传统观念中，女孩嫁出去后为婆家生儿育女，属于婆家祭祀群体的一分子，娘家供奉祖先灵魂的责任就必须要由男孩来承担，"不孝有三，无后为大"意思就是没有后代传承香火是最大的不孝，可以看出人们对于传承香火的重视。"孝"不仅指对已逝长辈生前的孝顺，它还包括在长辈去世后，儿子要在过年过节、生死忌辰中给已逝长辈和祖先供奉食物、烧香烧纸，这是儿子的责任和义务，香火的延续实则也是在向下一代传递祭祀的义务。

在麻料，家家户户都是有神龛的，祖先崇拜的表现方式之一就是神龛，它是祖先崇拜的载体，他们认为自己家的老人去世以后有一个灵魂是住在神龛上的。村民在修建新房后，如果要安神龛，主人家会杀鸡，请祭师到家来主持仪式，让祖先安安心心来到家中，并保佑家中子孙的平安、健康。

传统的苗族神龛由龛顶、围栏、龛盒组成，呈四方框状结构，安在堂屋的中间（见图6-1）。神龛的龛顶是一块木板，与旁边的围栏等长，龛顶安木板主要是为了防止家里的灰尘掉入香火炉中，玷污了香火。神龛左右两边围栏的宽与高都是等高的，起到支撑的作用。龛盒是主体，最上面放置香火炉，下边有抽屉，用来放置香、纸和蜡烛。神龛的下边贴有白色的小纸人，这是招龙节的时候从山上招来的"龙子"，鬼师会用白纸剪成一个个的小纸人，家里需要求子的，就会去祭师那分"龙子"，然后贴于自家神龛下方，人们相信把小纸人供奉于神龛里就会多子多福。

---

① 材料由李GZ老人口述，经笔者整理所得。访谈时间：2019年6月8日；访谈地点：李GZ家中。

图 6-1　李 ZZ 家的神龛

　　在麻料，有的家庭会在自己家门外的墙上设置一个简陋的神龛。这是因为麻料人认为"死丑者"①（苗语称 Das jiad）进不了家里堂屋的神龛，家里面的祖先不会让他们进入堂屋的神龛。在麻料只有正常去世的老人才能上神龛，而那些属于"死丑"之人是没有资格进入堂屋的神龛，所以只能在门外边设置一个简陋的神龛（见图6-2），让其灵魂有归处，死者的子孙后代会在过年过节的时候烧香纸供奉。②

----

　　① "死丑者"指死于横祸或者在外面去世的人。
　　② 材料通过李 GZ 口述，经笔者整理所得。访谈时间：2019年6月8日；访谈地点：李 GZ 家中。

图 6-2 安置在屋外的神龛

祭祀祖先还有一种形式：墓祭，又称墓祀、上墓、上坟、祭扫、拜墓等。麻料墓祭的时间一般在清明节左右，先要置办齐全的祭品如香纸、鞭炮、清明纸等，还有在家做好供奉祖先的食物。在清明上坟时他们还需要带上镰刀、锄头等工具去修整墓地，在祭拜前先把坟墓附近的杂草去除干净，填补一些破掉的小洞，把墓地周围的塌陷处理干净，因为只有在清明节才能动祖先坟墓的土，在平时是不宜随便乱动的。修整完以后，人们开始祭拜祖先，把事先准备好的贡品一一摆在墓碑前，然后开始点燃香纸，放鞭炮，行跪拜之礼，家里的长者会对着墓碑一边念叨着希望祖先保佑家里的子子孙孙平安健康，一边作揖磕头。

（二）火塘祭祖

在火塘边祭祀祖先也是麻料村的一个习俗。火塘在苗族地区具有尊崇的地位，它是苗族人安放祖宗神位之所。上古时期，人类因为学会取用和保存火种而步入文明，火对人类有无可比拟的重要性。那时苗族的青壮年外出寻找食物，老幼妇孺在家留守，为防止野兽侵害，会烧一堆大火，大家围着火堆席地而坐，老人坐在重要位置照应，既保护家人亦保护火种。苗族信奉万物有灵，相信老人去世后，灵魂仍在原地守护子孙。祭祀祖先时，便在老人生前常坐的火堆旁举行。

李GZ老人[1]说："火炕烧香等于是老祖辈，他们老了冷来都靠到火炕相火（烤火的意思），吃饭啊喝酒啊也是经常在火炕边，我们苗家在桌子上吃的时候很少，在火炕边边吃的多，都是像这个，过年过节，火炕都少不了烧香"。

苗族的屋内布局以火塘为中心（见图6-3），人们的饮食、起居、打坐、祭祖、敬神等均在火塘旁。火塘用青石板砌成，再用椿木围成正方形，然后在火塘周围用质地坚硬的木地板铺"地楼"，"地楼"离地面约30厘米。平时，火塘总是打扫得干干净净的，有的人家还用桐油漆得油光锃亮。现在苗家有了木架床，晚上

图6-3 火塘

---

[1] 访谈对象：李GZ，男，76岁；访谈时间：2019年6月4日；访谈地点：李GZ老人家中。

睡觉不再卧在火塘旁，借火取暖御寒，但火塘边仍是安灵设位祭祀祖先的
地方。所以，到苗家做客，如未得到主人邀请，不能在"地楼"火塘边的
凳子上坐。当主人邀请就座时，必须到外面擦掉鞋子上的泥巴，然后再到
火塘旁坐下。

　　火塘边祭祖风俗，苗语称（teit ghab jib dul），汉译为"洗香吐昂"。
"洗香"和"吐昂"为祭祀仪式的两个部分，"吐昂"是招魂，"洗香"是安
神，全套仪式由苗族祭师完成。家中有老人去世，丧事完毕，就要请祭师
来"洗香吐昂"。仪式都是深夜在火塘边进行。先是招魂，祭师去阴间将
老人的灵魂接引回家中，然后安神，祭师将老人的神位安放在火塘旁。仪
式进行时，火塘边放满祭品、香烛，烟雾缭绕。祭师敲着竹柝①，嘴里唱
起古老的咒语。招魂安神是老人去世后必不可少的仪式，举行过仪式后，
先人的魂灵才算真正安坐在火塘边，可以享受到子孙的供奉。②

二、自然崇拜

　　人类生活在大自然中，自然环境千姿百态，变化无穷，一些现象为原
始人的感觉器官和心理所不能承受，这种超人的力量震撼着原始先民的心
灵，从而便产生出了强烈而又普遍的恐惧心理，这就是自然崇拜所产生的
原因。在原始人的眼里，强大的自然物和自然现象，都具有至高无上的灵
性，这种灵性往往能主宰人类的命运，改变人们的生活。因此在不能征服
和认识它们的时候，只能把它们当作有生命力的神灵加以顶礼膜拜。这种
对自然力的崇拜，直接表现为对自然物本身的崇拜。

　　在麻料，人们相信万物有灵，在日常的生产劳动过程中麻料创造了一
套属于这个村寨与自然和平共处的一套观念，他们认为，树有"树神"，
水井里边有"井神"，招龙山里有"龙神"等等。他们相信只要不去破坏

---

　　①　竹柝：用大的竹筒制成，苗瑶独有的法器。

　　②　材料通过李GC口述，经笔者整理所得。访谈时间：2019年6月7日；访谈地点：李GC
家中。

自然物，当人们要向神灵寻求帮助的时候，自然界里的神就会眷顾村寨里边的人。万物有灵的信仰观念让村民们学会敬畏自然，跟自然和平共处，也在一定程度上保护了麻料的生态环境。

（一）土地崇拜

对土地的信仰，从古至今在我国各民族中都普遍存在。但各民族之间对土地的崇拜形式又不完全一样。人类早期靠狩猎、采集果实为生，对土地的依赖程度很低，原始农业出现以后，人类由简单地向自然获取食物转向依靠土地种植来获得食物，人类与土地的关系越来越密切，原始农业早期，人类无法理解农作物收获丰歉的原因，他们认为自己无法控制农作物的生长，一定有一股超自然力能够控制土地的收成，于是设法跟这种神秘的超自然力修好，土地神的观念便由此而来。在土地崇拜中人们用祭祀仪式来表达自己的祈求，祭祀仪式属于土地崇拜文化中很重要的一部分。在古人看来，人和神之间的职责和义务是相互的，人们去祈求土地神的恩赐和保护，就需要做出表示。

据李 GZ 老人① 说，自麻料先祖迁到此地后，他们村里就修建了土地庙，祈求菩萨保佑村寨顺风顺水，庄稼得到好收成。后来黄氏家族在篮球场边另修了一个土地庙，村里人认为一村只能有一个土地庙，否则两个土地庙都会不灵验，于是李氏、黄氏两族老人共同商议，还是共同供奉最早修建的土地庙。土地庙位于半山腰，能够直接俯视整个麻料村，以前只是一个极其简陋的小房子，2017 年全村人集资重新翻修了土地庙，庙里供奉的神灵是土地公和土地婆（见图 6-4），祭拜的人群为麻料村的李氏、黄氏家族，村里的潘氏家族只拜桥不拜土地庙。节庆日子大家都要去土地庙祭拜，春节会进行大祭拜，家家户户都会带上香、纸、大公鸡、米酒等供品前往，平时只是少数人进行烧香、烧纸的小祭拜。

麻料的土地崇拜从最初只是为了得到一个好收成，到现在为了祈求家人平安，需求的转变顺应了时代的发展。需求的转变一方面是由于生计方式的改变，如今当地人早已不再以农业为主要的生计方式，靠银饰锻造技

---

① 访谈对象：李 GC，男，76 岁；访谈时间：2019 年 6 月 7 日；访谈地点：李 GC 老人家中。

艺就能够养活家人甚至略有富余，现在村里的粮食、蔬菜几乎都是靠购买，靠天吃饭的日子已成为过去。另一方面在于人们已经能够用科学来解释自然现象，知道土地里生长出来的农作物还与土壤、气候等因素有关系，并不是超自然力在控制，因而人们对土地庙的祭拜更多的是由于其他的需求，尽管土地庙里供奉的是只掌管土地的神，但村民认为只要是神，就能拥有一定的超能力，对于自己的诉求，神灵是能够帮助实现的，所以不管是求子、求平安还是求发财，大家都来土地庙祭拜。另外，祭祀的群体以及祭祀的时间不是固定的，个人依据自身或者家庭成员的需求来祭拜，如刚才所说求平安、求子、求事事顺利、求发财等，村民有需求就会去土地庙祭拜，从而我们也可以说当地的信仰具有一定的功利性。

土地神信仰是实现和延续麻料人族群记忆的重要手段。咸丰五年，苗疆遭受了巨大的灾荒，导致田地里颗粒无收，但是清政府依然对当地人横征暴敛，他们经历了政府的残暴，清军的打压，逐渐形成了自己这个族群内部的认同感。维克多·特纳在研究丹布人的仪式体系中，提出了"支配性象征符号"的概念，他认为支配性象征符号不仅是实现某些仪式的目标手段而且它们还代表着一定的价值。[①] 土地庙是村里人一起修建的，在一定程度上它能够唤醒和凝聚族群的认同力量。

图6-4　麻料土地庙

① ［英］维克多·特纳：《象征之林》，赵玉燕等译，北京：商务图书馆，2016年，第48页。

（二）岩妈信仰

苗族将放在家里神壁下的岩石称为"岩妈"（见图6-5），在家里设置岩妈的原因是为了让孙子能够顺利长大。苗族人认为岩石里边住着一位"岩神"，自家的小孩身体不舒服经常发烧发热、咳嗽，就会去请祭师看一看小孩有什么毛病，一般祭师就会让家人去请一个"岩妈"回家庇护这个小孩。

图 6-5　岩妈

（三）栽花树

苗族将竹子插在堂屋的神壁下称为栽花树（见图6-6），在雷山的其它地方栽花树是为保佑儿童的身体健康，给命小的孩子添命的一场仪式。在雷山地区有一种传说，说天上有"十二天庭保公""十二天庭育母"，如果小孩子老是爱生病，家里人就要去请祭师算自己家的小孩是不是命少，要是命少的话就会栽花树为自己家的小孩添命。

在麻料，栽花树除了是为自家小孩添命，同时也是为了香火传承。在修建新房以后，人们会把老屋的栽花树以及下边的香灰取一小部分，放到新房子里，意味着

图 6-6　李 SH 家的栽花树

香火的传承。竹子的选择也有讲究，一般要选择两棵同根生、枝叶茂盛、不被虫蛀的毛竹，然后把竹子挖来栽在堂屋的中柱旁边，栽花树只需要家里的老人来栽就行，不需要请祭师来主持。

（四）树崇拜

　　麻料村古树参天、葱葱郁郁，生态环境保护得极好，这也与当地"树崇拜"有很大的关系，人们的认知里从小就被植入了保护树木的观念。人类学家泰勒在《原始文化》中对于树崇拜的现象是这样描述的："在宗教目的方面，神圣的树木和神圣的丛林之间没有实际差别。树木适宜放置给灵物贡献祭品的供台和祭坛。这灵物或许是树木精灵，或者是居住在那里并像人类自己的住宅和统治他周围一小块土地的土地神。"[①]

　　树崇拜是黔东南苗族最主要的信仰之一，这与苗族的祖先起源传说有关。

　　《苗族古歌》中唱道："还有枫树干，还有枫树心，树干生妹榜，树心生妹留，古时老妈妈。"意思是说，枫树干和枫树心生出了"妹榜妹留"。"妹榜妹留"是苗语，翻译成汉语即是"蝴蝶妈妈"，而"蝴蝶妈妈"则是苗族的祖先，所以他们主要信仰的树木就是枫木。树崇拜的表现方式有祭拜、认树为父、在树上挂灵物。村里的李GC老人[②]告诉笔者：

　　"你家生的娃娃很爱哭，就去拜树，他才乖，才吃起饭来，才快长大。要拜那些没落叶的，到冬天也没落叶的那种树，它才任何时候都有叶叶盖到，都是到水井那边，太阳也晒不到，下雨也下不到，树就帮小孩点命。像那个枫香那些，到冬天都全部落光啊，都盖没起他啊。"

　　这个认知体现了当地人思维中留存的互渗律，即是说一些生物的特性在人眼中是一种神秘的属性。人们认为当人与这些具有神秘属性的生物进行互动时，生物的某种特征会转移到人身上。由于以前的医疗卫生条件差，小孩的死亡率极高，为了保佑孩子健康成长，人们寄希望于古树。小孩小而古树大，小孩脆弱而古树坚强，于是人们想通过祭拜古树来使小孩

---

① [英]爱德华·泰勒：原始文化，连树声译，上海：上海文艺出版社，1992年，第389页。

② 访谈对象：李GC，男，63岁；访谈时间：2019年6月4日；访谈地点：李GC老人家中。

像不落叶的古树一样时刻充满生命力，长得像古树一样高大坚强。

图 6-7　被砍伤的古树

　　在树崇拜的村子里，人们对树木会更加爱护。如果有人砍了古树，全村的人都会去谴责他，还会对其进行一定的处罚。若是为了修建学校之类的公共事务，不得已需要砍伐树木，人们会杀一只鸡对其祭拜，请求"树神"的谅解。有这样一个例子，在20多年前，麻料村有三个小孩太调皮，用刀砍伤了村口的那棵香枫树（见图6-7），当时村里面规定要保护古树，就算是小朋友，也没能逃过惩罚，村里人坚持要罚"三个一百二"（120斤米、120斤肉、120斤酒），对于当时的经济情况来说"三个一百二"实在是太重了，再三考量后，决定变通地让三户人家分别各自承担一个"一百二"，合起来算是罚了"三个一百二"。有一户人家一直不愿意交自家的"一百二"，后来在老支书黄TD和其他村干部的劝导下，最后还是认罚了。① 三个小孩砍树的事过去得并不久，代价之大，在那个物资匮乏的年代足以震慑村民，使得大家都不敢轻易地去砍古树。这一记忆构建了保护生态环境的社会秩序，在政府还未以行政手段对古树进行保护的那段时间里，震慑了村民，使得大家都不敢轻易地去砍古树。

图 6-8　守寨树

（五）拜古井

苗族世居高山，山上水资源极度匮乏，水井的出现，使苗族人的日常饮用水得到了解决。人们相信水井具有灵性，最早是出于对水的珍惜。②

现在拜井也跟岩妈信仰和栽花树一样，都与小孩身体健康有关。如果小孩身体爱发热，身上的虚汗特别多，就会去拜村子里的老水井（见图

---

① 访谈对象：黄 TD，男，75 岁；访谈时间：2019 年 6 月 3 日；访谈地点：麻料村村口的古树下。

② 材料根据李 GC 老人口述，经笔者整理所得。访谈时间：2019 年 6 月 4 日；访谈地点：麻料村古井旁。

6-9）。

祭拜需要香纸、两条鱼、两个鸡蛋等供品，祭拜的时间没有限制。仪式过程很简单，长辈到水井边以后，把东西供奉在水井前烧香烧纸，然后念一些让病痛走开的话，仪式就基本结束了。

图 6-9 麻料村人所拜的古井

（六）燕窝崇拜

燕子在苗族是一个吉祥物，燕子进家，就代表着丰收，当地有一句俗语"燕子不进愁家门"，意思是说燕子在挑选居住地的时候也是有一定讲究的，它们并不是看到一户人家就会飞进去在屋檐下筑巢，而是会好好的观察一番。由于燕子比较喜欢在安静的地方居住，通常他们都会选择在很少有争吵的家庭居住下来，而村民们认为幸福的家庭是很少有争吵的。从科学的角度来看，燕子的选择只是跟随自己的居住喜好，它并不会分辨幸福与不幸福的家庭，但喜静的居住特点却跟人类追求和睦家庭而反映出来的行为不谋而合，这其中带有人类的主观想象，也象征了麻料人对家庭和睦的期盼。

图 6-10　李 ZZ 老人家的燕子窝

三、神灵崇拜

在中国民间信仰研究中，民间宗教从业者被归入民间仪式专家的行列中。[1] 麻料村的仪式专家分为男性和女性，在不同的仪式场合，针对信众的需求，男性和女性宗教从业者有着不同的分工，男性宗教从业者又称为祭师，主要主持一些重要的仪式，如十三年一次的招龙节和鼓藏节中的祭祀仪式，并兼具"看草"[2] 的业务。女性宗教从业者最常做的就是算命、

---

[1]　李向平、李思明：《信仰与民间权威的建构 —— 民间信仰仪式专家研究综述》，世界宗教文化，2012年第3期。

[2]　看草：意为师傅通过新鲜的草芯来判断小女孩的病症。

看风水、选日子。

1. 男性宗教从业者

在麻料，由于节日的祭祀仪式参与的人员皆是男性，一般女性禁止参加祭祀仪式，因此使得男性能够习得较多的祭祀仪式程序。笔者通过询问村民了解到麻料最有名的祭师叫李GZ，老人说自己是在心里的神灵引导下做的师傅，没有人传授。麻料人在日常生活中对于一些无法用科学方法解决的问题，才会求助于神灵，从

图 6-11　看草

神灵处寻求一种心理的慰藉。比如笔者在李GZ老人家遇到一位妇女来给家里的小女孩"看草"（见图6-11），原因是小女孩生病了，整日无精打采，没有胃口，在县医院检查过，也打针吃药半月有余，一直不见好转，因此才想到找李GZ老人"看一看"。妇女从山上带来新鲜的草，让老人帮忙看一下小女孩身体出了什么问题。李GZ老人先把草里边的草芯抽出来，需要抽取三节，如果三节草芯都是一样长就表明身体没有什么大问题，有一节长或者有一节短结果都不太好。李GZ老人对小女孩诊断的结果是："小女孩的魂丢了"。他让妇女准备两条鱼、一个鸡蛋、一个鸭蛋

在家供奉。然后李GZ老人把草芯做成一个三角形，再把已经被抽取了草芯的草缠绕在上面，剩下的草再卷在一起，让主人家把草带回家挂在门上。李GZ老人说"看草"是不收费的，如果小孩子的身体安然无恙了，"看草"的人家就会请他去家里吃顿饭。从社会学交换论①的角度而言，这仍然是一种有偿服务。村民会通过有限的补偿方式如

图 6-12　新建的房屋

请吃饭来答谢李GZ老人，一旦小孩的病症解除，李GZ老人的个人能力得到体现，从而获得社会尊重。

另外，村里要动土建房，都会来找李GZ老人"看日子"。"看日子"用手指作为计算工具，老人说他都是用这个方法给村里准备建房的人择吉日，每一家房屋修建起来都是顺顺利利的，没有出现过任何意外。

除了"看草""算日子"，李GZ老人还是许多仪式的主持者。鼓藏节、招龙节、家里老人去世等场合都会请李GZ老人去主持。

① 社会交换论：主张从经济学的投入与产出关系的视角研究社会行为的理论，代表人物：乔治·霍曼斯。

2. 女性宗教从业者

在麻料共有三位女性宗教从业者：王ZF、文GQ、李SF。女性宗教从业者的主要职能是给人算命、改运。大多数麻料人都会找村里的王ZF师傅算命，村里的李MH、吴YZ①等妇女都说王ZY师傅"很会算"。王ZF师傅说自己的技能是无师自通的，文GQ师傅与王ZF师傅一样也属于无师自通型，她的宗教从业经历和王ZF师傅极其类似，不同的是，文GQ师傅平时生活会有一些禁忌，如不吃腌汤②、狗肉、韭菜，去主人家做客，鸡鸭等食物也不可以吃。

图 6-13 王 ZF 师傅家供着的"阴灵"

算命有两种方法，一种是"看米"，如果有人需要算命，需先从自己家带半斤左右的米来，若是外来人，则可以花钱去别人家买。另外，算命的人要给师傅封一个红包，没有确定的数额，一般多是12元、18元等吉

---

① 访谈对象：李MH，女47岁；吴YZ，女55岁；访谈时间：2019年6月7日；访谈地点：麻料村小卖部门口。

② 腌汤：黔东南苗族地区的特色饮食，由青菜和糯米发酵而成。

利数字。文GQ师傅①说现在村里很少有人找她"看米"，一般城里人家会请她去。关于这个说法我们无从考证，由于调查的时间较短，在离开麻料前我们尚未看到有外来人前来请文GQ师傅。

算命的第二种方法是"看手相"，李SF师傅主要是通过手相来算命。手相能反映人的事业线、财运、生男生女以及寿命长短。按照李SF师傅的说法，手掌上的线衍生到手指就会不守财，要改变就需要12元改宝财口，因为一年有十二个月，收费

图6-14　师傅在准备香纸

12元代表着十二个月，改成招财进宝，四方来财运。看孩子的性别，就看大拇指的线，短且浅的为女儿，因为女儿是要嫁出去的。儿子的线为长的，因为是要做家族的传人，所以深且长。如果生命线要延伸到手掌的话，寿命就会长久，生命线下边的线拉得短的话就需要改运。改运需要99元，师傅说99元相当于买一头猪的命来换。另外师傅还需要把之前封好的12元改宝财口退还给改运人，改运人在回到家的12天后必须将这12元消费掉。

通过观察王ZF师傅和文GQ师傅的算命过程，笔者发现在她们两人

---

① 访谈对象：文GQ，女，43岁；访谈时间：2019年6月5日；访谈地点：文GQ师傅家中。

身上"神迹"出现的过程极其相似。李亦园认为，宗教从业者的从业经历，可以归结为先天的精神异常、文化暗示和社会感官刺激训练。[1] 岳永逸则区分了神启和后天习得两种获得方法。[2] 显然，两位师傅都是通过神启而获得能力，从而为信众服务。但没有人知道最开始师傅是如何获得神启，又是如何习得看相、医病治人等能力的。师傅的神启能力通常表现在两个方面：对过去事件的精确描述和对未来的准确预测。由于调查时间有限，在我们的调查资料中未能搜集到信众对于师傅能力的评价，师傅超能力的最初显现，体现在她最开始帮助别人，而别人觉得有用，灵验之后，便开始慢慢传开来。这种"灵验"的生产，主体可以是师傅本人，也可能是信众，它具有一种个体性。主流社会对宗教从业者的排斥很大程度上是来源于它所产生的结果不具有科学性，比如小孩反复发烧或者某人做生意不顺，通过接近师傅，事情会向着良性逆转。事实上，很多时候我们身体所表现出来的病态体征实则来源于心理情绪，在中国传统的文化建构中，我们非常羞于去表达或者承认自己的精神障碍或焦虑情绪，师傅为人治病或者算命不如说是担当了"心理医生"的角色，它给了信众一种心理慰藉，让信众相信自己得到了超力量的加持，实则就是心理学上"暗示"的效应。

总体而言，麻料的民间信仰与村民的经济生活联系在一起，形成了一定的特点：

第一，具有一定的传承性。当笔者在村里问一些村民为什么要去拜树、拜井，为什么要去招龙等一系列问题的时候，普遍的回答就是"老祖辈传下来的"。现在很多村民也不一定了解某一些信仰的内涵，但仍然遵循着祖先的祭祀传统。

第二，具有多元性。在麻料的民间信仰文化体系的构成中，民众对与自己生产生活关系不大的内容是不关心的，而对于自己生存的自然环境则有敬畏之心，他们认为万物皆有灵。多元性还体现在其信仰活动，既有跳芦笙、招龙、吃鼓藏等群体性的形式，也有烧香、看手相、卜卦等个体性

---

[1] 李亦园：《人类的视野》，上海：上海文艺出版社，1996年，第287页。

[2] 岳永逸：《家中过会：中国民众信仰的生活化特质》，开放时代，2008年第1期。

质的活动。由于旅游业的兴起，还推出了与旅游相结合的活动。另外，苗族的信仰文化还受到汉族文化的影响，如现在麻料人房屋的神龛已经逐渐开始汉化，村民李SH家的神龛上边有"天地君师"，下有"土地神"等各路神仙的排位，无疑，这是受到了汉族民间信仰的影响。

第三，具有崇拜功能的实用功利性。就如李向平所说的中国人的信仰具有"一种以功德文化为中心的功利交换原则"[①]。中国人信仰神灵的目的主要是为了迎合自身的需要，麻料村的民间信仰也是如此。招龙、祭桥的目的都是为了"求子"，而日常生活中人们找师傅"算命""改运"其实就是为了寻求一种心理的慰藉。因此，我们也可以认为民间信仰在麻料村具有一定的实用性。

---

① 李向平：《信仰但不认同 —— 当代中国信仰的社会学诠释》，北京：社会科学文献出版社，2010年，第337页。

第七章　农业

一、传统生计

在麻料，有着"芦笙一响，五谷不长"的说法。在传统的农业社会，村里人有规定，一年中从发秧苗到六月六吃新节前，村子里是不能响芦笙的，谷子听到芦笙响会长得不好，因此在六月六以前全村的芦笙都必须寄存在鼓藏头家。

这一禁忌体现了农业生产曾经在麻料社会中的重要性。从发秧苗到六月六吃新节前即公历的四月至七月这一时期是庄稼生长的重要时期，构建这样的秩序，是为了让人们减少娱乐活动，专心从事农业生产。如今当地人极少种植庄稼，粮食主要是通过购买，这样的秩序对于农业生产的作用已经逐渐失效。虽然村里的大多数芦笙仍然保存在鼓藏头家，但是很多人家里还是会留下一两只。大家几乎已经不再受"芦笙一响，五谷不长"这一说法的约束，家里面来了客人，可以随时吹芦笙进行娱乐。

"开秧门"这一习俗也体现了麻料村曾经的稻作文化。第一天插秧称为"开秧门"，虽然现在麻料已经很少有人种地，但从传承下来的习俗看，麻料曾经是一个以农业为主要生计方式的村落，稻田以水田为主，水田种植水稻，一年一熟，随着耕作技术和水稻产品的改进，麻料村的粮食产量平均每户每年也可以有近千斤的产量。"开秧门"是为了祈求自己家的秧苗顺利长大，没有虫害，能够有好的收成，保佑五谷丰登。夜里在鸡鸣第一声的时候，家里的老人就会走出家门向自己家的秧地走去，在路上不要应答任何人的话，如果有人问自己去干什么，也不能回答。如果回答了今年家里的秧苗就会长得不好，收成会很少。曾经在70年代，每个生产队都会派一人去田里扯秧，大家在路上碰见都心照不宣地不打招呼。去到秧地以后，只能扯三次秧苗，不管这三次扯了多少秧苗都不能再扯了。扯来的秧苗看有多少株，要么是五株，要么是七株或九株，只要单不要双，然后沿着田埂走五到七步后把秧苗插上。前面我们已经提到，麻料人认为单数代表男孩子，吉利；而双数代表女孩子，是不吉利的象征。这种单双数的象征意义被广泛运用于麻料村民的日常生活中。如烧香祭祀祖先时，一般点五支香，神龛的香火钵里插三支，一支插在神龛下方，一支插在大门口。在田里插完秧苗以后，还要带两株秧苗回家，然后在家杀鸡烧香烧纸祭拜祖宗神灵，祈求自家的秧苗长得好。在祭拜完祖宗神灵后，嫁出去的姑娘也要抬酒抬肉回娘家，孝敬自己的父母。

由于麻料村地处坡顶，水资源匮乏，再加上时常遭受自然灾害，农业生产已不足以维系一家人的生活开支。据《雷山县志》记载，民国34年，麻料村遭受旱灾，大部分田地荒芜，稻谷减收，村民多以树叶、树根充饥。民国37年，全县连续暴雨，震威乡遭受水灾。麻料村雨水过多，谷

图 7-1　犁杵

图 7-2　犁耙

粒锐减，损失上千元。1951年，全县持续干旱，麻料村稻田受旱，产量
锐减，麻料村人靠县政府拨发救济物质生活。1970年11月22日，大沟公
社麻料大寨发生火灾，两个小时受灾134户，烧毁房屋175间，粮食六万
公斤，损失折款10万余元①。

　　由于粮食连年歉收，麻料村与邻村控拜因为抢夺粮食、柴火等资源而
常起冲突。控拜村与麻料村毗邻而居，在地理位置上两村最为接近。从
麻料村的田埂小路步行出发至控拜村仅需15-20分钟。因为空间距离的影
响，两村在民俗文化、经济生活方式等方面有很多相似性。控拜村全村
148户，历史上村民也主要以制作银饰为主，因而有"银村"之称。麻料
村的寨老李GY老人②说："国民党时期是困难时期，饭都吃不饱，因此会
有许多矛盾都是因为抢吃的。当中抢蕨粑就比较严重。麻料村与周围的村
庄特别是控拜村经常会因为挖蕨粑而吵闹，一方说另一方挖了他们的蕨
粑。谁也不让谁，因为那时候实在太缺吃的了。除此之外，柴也是这儿人

---

①　雷山县志编纂委员会：《雷山县志》，贵阳：贵州人民出版社，1992年，第16-31页。
②　访谈对象：李GY，男，76岁，寨老；访谈时间：2019年6月4日；访谈地点：麻料村
村委会。

·128·

们矛盾的激发点。那个时候没有明确的划分三八线，只是大概的范围。于是就会出现'这是我们村的，那是你们村的'这种情况，都要争树林茂密的板块。当这些矛盾无可避免地爆发时，州里的或者县里的政府就会派人来处理。进行评判，错的那一方就要道歉。"

图 7-3　村民菜园所种的蔬菜

现在很少有村民从事农业生产，曾经使用过的犁耙、犁杵、碾磨、驳风机等农具或者在家闲置，或者被放进了麻料村博物馆。

二、生计方式的转变

现在麻料村的大多数村民经济富足，粮食、蔬菜几乎都是靠购买所得，老人在家的话会在自家房前屋后的一亩三分地上随便种点仅供自家食用的蔬菜（见图7-3），据黄TD老支书^① 说："我们村不搞种植业与养殖业。一方面是搞这些赚不了什么钱，另一方面大家都想重点发展银饰。打银子不像种地，日晒雨淋的也赚不到几个钱，现在的年轻人也吃不得这个苦。很多人从十几岁就开始学打银，早一点的十岁左右，一般都在十五六岁开始学。"

图 7-4　碾磨

村里唯一的五保户^② 是一家靠养鱼为生的村民，老人名叫李ZQ，今年73岁。李ZQ老人^③ 以前也是靠打银为生，现在年纪大了，银饰打不动了，就靠养鱼为生。村里也有一些地会种些玉米，玉米主要是用来喂猪的。六、七月份孩子们放暑假回到麻料，可以用来烧着吃。现在大部分年

① 访谈对象：黄TD，男，75岁，寨老；访谈时间：2019年6月5日；访谈地点：DX农家乐大厅内。

② 五保户：保吃、保穿、保医、保住、保葬（孤儿为保教）。是国家在农村地区设立的对于老人和儿童的保障制度。

③ 访谈对象：李ZQ，男，73岁；访谈时间：2019年6月3日；访谈地点：麻料村村口古树旁。

轻人外出，剩下的劳动力已为数不多。目前主要的耕作区是在距离寨子较近的几片水田，大多分布在村寨周边及距村寨1—2.5公里的周边山冲或坡榜间。其中较成片的有麻料村大寨和中寨往控拜地界方向的山冲，新寨周边距公路较近的区域，小寨古井所在位置的山冲片区。

由于缺乏劳动力，现在村民的粮食几乎都是通过购买获得。荒废不种水稻的旱田，主要种植玉米、红苕、辣椒、油茶籽等，既可用于自家食用，也可出售。庄稼主要分布在小寨坡顶，大寨和中寨坡顶处，除此外寨子间也有零星分布。房前屋后种植萝卜、莲花白、青菜、白菜、六月豆等。

由于大部分年青人不在家，且当地旅游业呈良好态势发展，村民依托旅游业有一定的经济收入，因此从事农业生产的人也在逐渐减少。农忙时节，田间地头只能看见上了年纪的中老年妇女，山区地形也使得当地农业机械化程度低，故只能选择较近的田地耕种。收获时节，有的年青人会归家，有的年青人会汇款请人帮忙。

近几年国家在农业政策上的扶持力度较大，当地政府也不再鼓励村民单一地种植粮食作物，不管家里的地荒不荒，更多的是鼓励村民种植一些能赚钱的经济作物。当地的扶贫政策第三条中是这样要求的："一减四增：减少低附加值的玉米种植，重点培育增加蓝莓、酸食产品原料、花卉、中药材四大产业，种植青钱柳以900元/亩的标准给予补助，种植葡萄等精品水果以500元/亩的标准给予补助，种植白菜、萝卜、南瓜、辣椒、生姜等为主的大宗蔬菜以400元/亩的标准予以补助。麻料村种植的经济作物：土豆、辣椒、烟叶等等；农作物：水稻、玉米、莴笋、黄瓜、西红柿、红薯等等适合该地气候的物种都有。"① 尽管政府有一定的扶持政策，当地也很少有人种植农作物。黄TD老支书②说："政府会给当地很多辣椒种子让他们种植，他们也不要，就不喜欢。不管是哪个，我也同意不种苞谷，为什么呢？增加年轻人的负担。如果在凯里开店的，要浪费时间回来，而

---

① 参见《雷山县脱贫攻坚政策问答宣传卡》，由麻料村村委会提供。

② 访谈对象：黄TD，男，75岁；访谈时间：2019年6月5日；访谈地点：麻料村村委会。

一天时间到凯里赚的钱肯定比家里的多。就像到凯里一个月赚一万。你种一年的谷子，打起算三十挑嘛，打银比种谷子赚的多得多。有些姑娘高中、大学考不起了，也学打银。"因此到现在整个麻料村都找不出十头牛，羊、猪也不养了。有一些人家还会养鸡、稻田养鱼，但都不是用来卖钱的，而是养来自己吃。

图 7-5　驳风机

三、转变的原因

以前的麻料村既是一个银匠村，同时也发展农业，村民们往往靠天吃饭。那时人们外出打银饰所攒下的钱几乎都用来购买土地。随着社会的发展变化，在家务农早已满足不了人们日益增长的物质需求，一些老年人认为[1]："农业成本高，效益低，不如发展手工业。手工业可以随时随地改变售卖地，而农作物要随时随地的照料。"主观上，村民们认为农业种植的付出与收入不成正比，在外面从事任何工作都会比农业种植赚钱。《林村的故事》中，黄树民提到[2]，农业之所以收入低，是因为国家在以农业养育工业，也就是说农产品的价格没有工业品高。如果在某一个地区找到一个价格高于农业或等于或大于工业的新的产业，那最先被放弃的就是农业。如果这种差价继续被拉开，也许将来有一天农业将在一些地区消失。当问到村里的老人怎么没有人种田时？黄TR老人[3]说："那时候（打银赚得）也没多，那时候国家也便宜老火。那时候打一个项圈称两，一两才两毛钱。搞一天才得四五块钱。一天才得四五块钱也没得好多。但也比种田强哦，那时候米便宜哦，才两毛钱一斤。现在到二块钱一片。所以现在的年轻人才出去，一年你打谷子的两千斤。一个月，你工资三千，也买得一年打米去了。这港这个田才荒喽，现在人老也没想种田。"

目前麻料的种植、养殖还是存在，但已经不再上升为生计方式。通过调查我们得知整个村子里只有五户人家在养牛，在山地地区牛是最不可或缺的，这也说明了耕地在逐渐减少，银饰手工业已然成为了麻料主要的生计方式。顺应市场的需要，麻料的年青人都分散在省内外从事银饰打造，而在外打银的人一旦生活稳定后便会把妻子、孩子一同带到外面，谋生手段的多元化使得麻料村村内的人口结构发生了变化，村里多数家庭只有老人在家，"空巢老人"现象严重。在村里我们几乎看不到小孩，除了从县里派到村里进行精准扶贫的驻村干部和在村委会工作的年青人，村里的年青人几乎都在外面做生意，少数留在村里的年轻人也是开银饰店、农家乐，劳动力的缺乏使得种植业与养殖业的发展具有一定的局限性。另外，

[1]　访谈对象：李GC、李GZ、黄TD、潘SW等老人；访谈时间：2019年6月4日；访谈地点：麻料村村委会。

[2]　黄树民：《林村的故事：一九四九年的中国农村变革》，素兰、纳日碧力戈译，上海：生活·读书·新知三联书店，2002年，第145页。

[3]　访谈对象：黄TD，男，76岁；访谈时间：2019年6月5日；访谈地点：麻料村村口篮球场。

麻料村属于亚热带季风气候，农作物一年两熟，这样的气候条件并不算差，但地形却是个大问题，麻料村属于贵州省境内的第二阶梯山地、丘陵居多并且喀斯特地貌面积大，由于地形的影响，麻料并不适合大规模的种植农作物与经济作物。

第八章　手工业

一、"银匠之村"

明洪武四年至十四年，明太祖派傅友德率三十万大军进军云贵，前后留下了二十万军民屯兵贵州。伴随军屯而来的还有民屯和商屯，形成了一连串的"屯堡"。这些"屯堡"复又带来了中原地区先进的农耕文明，使得苗族东部和中部方言区的稻作文化复苏，并进入了一个新的发展阶段，生产力有了长足的进步。[①] 明永乐十一年（1413）二月，贵州正式建省，以白银为货币的交易方式逐渐进入大山深处交通阻隔的苗族聚居区，部分取代了他们"以物易物"的交易方式。[②]

白银进入了苗区的流通领域，为苗族银饰提供了原料。有的苗族人把银币拿来作为衣饰，钉于两胸襟边上，更多的苗族人则是用银币来打制首饰。于是，苗族佩戴银饰之风便渐渐铺开。最早出现关于苗族佩戴银饰的记载始于明代史籍，郭子章《黔记》中称"富者以金银耳珥，多者至五六如连环"。[③] 黄金因其价格昂贵，生活贫困的苗族不可能拥有，而白银就成了苗族饰品的唯一原料。历史上的银饰加工原料主要为银圆、银锭。也就是说，苗族日出而作，日落而息，周而复始，经年累月，积攒下的银质货币，几乎全部都投入了熔炉。正因为如此，各地银饰的银质纯度以当地

---

① 周春元等：《贵州古代史》，贵阳：贵州人民出版社，1982年，第199–258页。

② 《山海经校注》卷十：《大荒南经》，上海：上海古籍出版社，1980年，第433页。

③ [明]郭子章：《黔记》卷五十九《诸夷》（第35册），上海：上海图书馆藏影印抄本，第16页。

流行的银币为主，譬如民国时期黔东南境内是以雷山为界，其北边银料来自大洋①，纯度较高；南边来自贰毫②，银饰成色较差。20世纪50年代后，党和政府充分尊重苗族群众的风俗习惯，每年低价拨给苗族专用银。

苗族古歌中有这样的描述："金子和银子，住在深水潭，水龙和硼砂，来陪他们玩。"古歌中对金银还有很形象生动的描述："金子冒出来，像条大黄牛，脊背黄央央。""银子冒出来，像只白绵羊，肚皮亮晃晃"。苗族先民们认识到金子和银子的"家"不是在水里，也不是在山洞里，而是"金子黄铮铮，出在岩层里，银子白生生，出在岩层里。"然后，"我们沿着河，我们顺着江，大船顺河划，大船顺江漂，快把金和银，统统运西方"。他们又用金子打造了金柱，用银子打造了银柱，把混沌的天地撑开，还打造了金太阳和银月亮，以及满天的星星："以前造日月，举锤打金银，银花溅满地，颗颗亮晶晶，大的变大星，小的变小星。"由于用金银铸造了太阳、月亮和星星，这样才让白天和黑夜有序更迭——"白天有太阳，夜里出月亮，高山和深谷，日夜亮堂堂：牯牛不打架，姑娘才出嫁，田水才温暖，庄稼才生长，饿了有饭吃，冷了有衣穿，江略（氏族鼓社）九千个，遍地喜洋洋。"③

麻料村世世代代以银饰加工为生，目前全村银匠共有114户，236人，占总户数的63.3%。早在一百多年前，这里就以精于银饰制作在省内颇负盛名，那时由于地处偏僻，交通不便，银饰产品只能由村子里的银匠们外出销售，类似于古代的行商。地少人多，村民的收入主要是银饰制作和外出务工收入，极小部分来源于耕种、养殖收入。2006年苗族银饰锻造工艺被列入第一批国家级非物质文化遗产。2009年初，雷山凭借底蕴深厚的银饰文化，被中国美术工艺协会评为"中国银饰之乡"，而作为雷山县三个素有"银匠之村"美誉之一的麻料村，也从此名声在外。

---

① 大洋：又称"银圆"，民国时期以银圆作为主要流通币。

② 由广东造币厂铸造发行，面值二角的小银币称为"贰毫"。

③ 潘定智等：《苗族古歌》，贵阳：贵州人民出版社，1997年，第10—31页。

图 8-1 麻料村局部图

随着政府政策的扶持和交通环境的改善，许多在外务工的村民也纷纷回来从事银饰制作，截至目前，麻料村从事银饰制作的人口占了全村人口的80%以上，银饰制作迎来了新发展，麻料村也成了名副其实的银匠村。如今麻料村已率先成立了银绣旅游发展公司，发展起了银绣技艺培训班。

二、银饰锻造技艺

人类学进化学派的代表人物摩尔根在《古代社会》一书中，将人类文明划分为三个阶段：蒙昧、野蛮和文明阶段，前两个阶段为原始手工艺阶段，诸如石器、制陶、铁器等，而人类进入文明阶段"始于标音字母的使用和文献记载的出现。"① 银饰锻造技艺是苗族祖先传承下来的工艺，苗族银饰锻造技艺历史悠久，形成的饰品链条也已成为苗族社会演进的象征之一。②

---

① [美] L·H·摩尔根：《古代社会》（上册），杨东莼等译，北京：商务印书馆，1977年，第11-12页。

② 柳小成：《论贵州苗族银饰的价值》，中南民族大学学报（人文社会科学版），2008年第7期。

（一）加工工具

一个优秀的银匠，一定会有一套自己得心应手的制作工具，传统的银饰制作工具有拉丝铁板、熔埚、火钳、剪刀、模具、倒金槽、装明矾水的牛角、风箱、洗银锅等。

工具：

剪刀（见图8-2）：展示的剪刀是以前用于裁剪大型银饰原料的。

洗银锅（见图8-3）：将专门调配好的水倒在里面，然后用锻造好的银饰在里面泡一泡洗掉污渍。

熔埚（见图8-4）：银匠师把需要熔化的银块放在熔埚内，用火钳放进风箱高温熔化。火钳，专门夹熔埚和大铁块的工具。

风箱（见图8-5）：用来在熔银时增高温度的工具，把装好银块的熔埚放在风箱内，多次抽拉拉轴，即可增高温度。

松香板（见图8-6）：使用时，需把松香熔化，而后把银片放在平面，待松香板干后，便可开始雕刻。

拉丝钳子（见图8-7）：制作银丝时使用，在拉丝板上将粗银丝变为细银丝。

牛角（见图8-8）：苗族银匠师用来装明矾水的容器。

倒金槽（见图8-9）：专门用来装熔化好的银水，槽形状是长条状或中间粗两边细的。图示的是后者的槽形。

戥秤（见图8-10）：以前用来专门称银子重量的。

錾子（见图8-11）：用于银饰雕刻，形状有很多种，展示的只是其中一部分。

模具（见图8-12）：专门用来捶打粗略形状或图案的模子。

铃铛模具（见图8-13）：用来制作铃铛的模具。

气磅机（见图8-14）：现代工具，替代以前传统的煤油吹灯焊接。

拉丝铁板（见图8-15）：银匠师经过多次的捶打，把银条捶打成所需尺寸，再把银条穿过铁丝板，用拉丝的专用钳子用力拉出，便可得到银匠所需的银丝。

图 8-2　剪刀

图 8-3　洗银锅

图 8-4　熔埚

图 8-5　风箱

图 8-6　松香板

图 8-7　拉丝钳子

图 8-8　牛角

图 8-9　倒金槽

图 8-10 戥秤

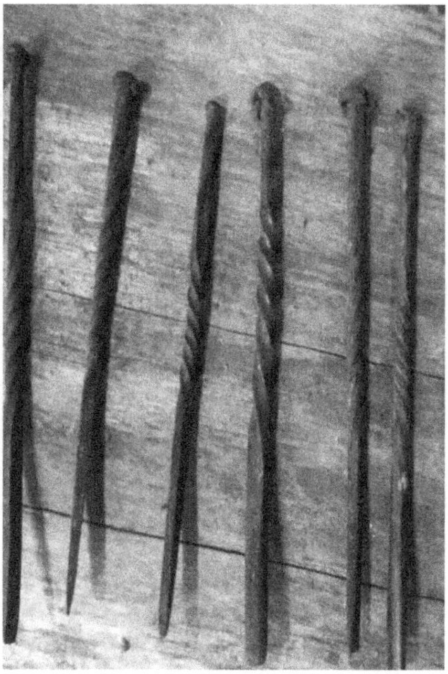

图 8-11 錾子（部分）

图 8-12 模具（苗姑娘衣服后背银衣片）

图 8-13　铃铛模具

图 8-14　气磅机

图 8-15 拉丝铁板

随着工艺技术的发展，银饰加工工具也发生了明显的变化。装化学用品的工具换成了现在的专门容器，风箱也没有再使用，现在使用的都是煤气火枪，煤气火枪无须考虑温度的变化，直接高温熔化银块。以前需要人用嘴含着小钢管对着煤油灯吹气焊接，换成现在的气泵吹气焊接。以前没有抛光工具，只能反复敲打，用铁刷子简单刷一遍，然后用砂纸磨光，现在都换成了抛光机和打磨机。以前都是将熔化后的银块经过反复捶打，才会得到一片银片，现在用现代化机器轻松碾压便可得银片。

（二）加工类别和技艺方法

虽然现代化机械设备已经进入人们的视野，但在麻料村，大多数的银饰工坊还保留着锻打和雕刻等传统技艺。

传统的银饰锻造步骤有：熔银、锻打、錾刻、焊接、洗银。

1.熔银：制作银饰第一步需要化银料。先用戥秤称出所需的银料重量，然后将称好的银料剪细放在熔埚内，把熔埚放在风箱炉上，用木炭全部盖好，再用风箱鼓风增高温度，当鼓风炉火呈白热化程度时，银开始熔化，用长柄钳夹出熔埚把它倒在卡条状的倒金槽内待其凝固。

2.锻打：在银料还未变冷时，开始锻打，锤打紧实，然后再捶打成四方形长条，最后将银条捶打成圆柱状细条。

3.錾刻（见图8-16）：把捶打好的银条或银片放在模具或松香板上，进行雕刻，银匠师可以任意雕刻自己想要的图案。

4.焊接：传统的焊接是一门技术活，需要匠人用嘴含着小铁管对着煤油灯吹气，才能进行焊接。

5.洗银：将錾刻好或焊接好的银饰用特制的药水泡一泡，洗净即可。

图 8-16　錾刻

目前传承下来的技艺主要有锻打和雕刻，这也是麻料村银饰锻造传承得较完整的两项工艺，麻料村银匠认为①，一个银匠要做好银饰，首先锻打和雕刻技艺的掌握是必不可少的，无论时代如何发展，作为银匠，这是必须掌握的两项养身技能。

（三）麻料村银饰制作现状

为了适应市场的需要，以及受利益的驱动，市场上有一些银匠会在银饰里加入白铜，但是在麻料村，大部分的银匠还是秉承着匠心精神，用传

① 访谈对象：李DJ（男，38岁）、潘SX（男，43岁）；访谈时间：2019年6月12日；访谈地点：麻料村银饰刺绣传习馆。

统的方法，只做纯银的银饰。

现在麻料村制作银饰的主要程序如下：

1.裁剪：由于机械化生产，银条或银片都不再需要银匠捶打，银条直接加热就可以捶打，银片直接拿来裁剪就可以使用。但麻料村大部分的传统银匠师仍然会自己熔银，自己加工制作。

2.锻打：将裁剪好的银条经过高温加热，开始锻打，锤打紧实，然后再捶打成四方形长条，最后将银条捶打成圆柱状细条。

3.粗加工：把已经打制好的银片放在模具上，初步对银饰进行锤打，银片会形成起伏较大的凹凸形状，匠人所需要的式样在模具里也基本成型。由于苗族制作的银饰式样大致相同，所以匠人们都会使用预先制成的黄铜模具。

4.精细加工（錾刻）：这道工序包括了拉丝、錾刻等工艺，它是整个银饰制作过程中最关键的程序。黔东南有一种说法："雷山（以控拜村为主）银匠的錾刻工艺好，施洞银匠的花丝工艺好。"① 麻料、控拜和乌高同为雷山西江镇的"银匠村"，錾刻也是麻料村银饰锻造的一大技艺，麻料的银匠师傅把錾刻叫作"雕花"，雕花所用的工具是一把小锤和若干支錾子，錾子的錾尖形状有很多种，有大圆头、小圆头、平头、月牙头等形状，银匠师会根据需要选择相应的工具。银匠师加工时左手执錾，右手握锤，凭着自己心中所想，雕刻出一组组生动有致的图案。② 在访谈过程中我们得知，苗族人评价匠人银饰技艺的优劣，关键在于其雕刻技艺，雕刻细微处，尽显出银饰匠人的精心和细致。

① 张建世:《黔东南苗族传统银饰工艺变迁及成因分析——以贵州台江塘龙寨、雷山控拜村为例》，民族研究，2011年第1期。

② 2019年6月12日，麻料银饰刺绣传习馆为了选拔村里的银匠师外出比赛，特举行了一场技艺比赛，笔者有幸现场参与。

三、传统的传承机制

本小节讨论的传承主要指在师徒间的传授和继承的过程。文化传承具有一定的稳定性、延续性以及再生性，是因为它受到了一定机制的制约，这也是文化得以整合并传承发展的基础。银饰锻造技艺之所以能够传承几百年而经久不衰，就在于技艺本身所具有的稳定的传承机制。尽管随着现代化的发展，银饰锻造技艺的诸多程序已经在传承发展中消失和变迁，但银饰作为苗族文化的核心元素，依然存在于苗族社会的生产生活中。总的说来，银饰锻造技艺的传承是以实用和审美为基础，以家庭为主要的传承单位，以口传心授和言传身教的方式进行技艺的传承，通过各类节日活动和宗教信仰等行为活动表现出来，并通过一系列的习俗和行为规则，最终内化在苗族人的心里，形成一种从物质到精神的深层次的传承。[①]

（一）传承的基础 —— 苗族文化的载体

1. 民间信仰的传承

《苗族古歌》中描写了开天辟地与万物起源，表现了人们对枫树、蝶母、鸟、龙等的崇拜。在苗族银饰中可以看到大量的蝴蝶纹、鸟、龙的图案，这也是苗族对图腾崇拜最直接的表达，是苗族同胞的心灵寄托，体现了一种原始的宗教意识，同时也蕴涵着对先祖的怀念情结。"银角"是最突出的代表，西江苗族女性头饰的银角仿照水牛角的形态铸造，这是对祖先蚩尤头上有角形象的追忆。新中国成立前，为体现对祖先的崇敬之情，银角被看成是身份尊贵的象征，普通苗户是不能随便佩戴的。另外，因地区差异，银角出现了多种式样，其中西江地区的银角最为硕大，高约70厘米，宽约50厘米，蔚为壮观。[②] 蝴蝶妈妈的纹样则在女性银饰的胸饰、头饰、服饰银片上出现较多，比如雷山苗族银帽上装饰的许多蝴蝶形单体银片、凯里苗族女性佩戴的蝴蝶图案的发簪、衣服银片上的蝴蝶铃铛吊等

---

① 尹斐：《苗族银饰锻造技艺传承的教育人类学研究 —— 以湘西凤凰山江镇为个案》，北京：中央民族大学硕士学位论文，2012年。

② 参见麻料村银饰博物馆《苗族锻造技艺培训学校教材》（内部教学使用）。

等，水牛角和鹡宇鸟也被应用和刻画在他们的银饰工艺中。此外，黔东南苗族银饰中还蕴涵着平等的民族观念，苗族银饰在等级森严的封建社会中，并没有受到其他民族等级观念的影响，明清时期，苗族在银饰的佩戴上无等级区分，只要在一个地区生活，人人都可以佩戴一样的银饰。如黄平的盛装银头饰，极其雍容华贵，但它不是社会上级阶层的女性所专有，普通人家姑娘出嫁同样可以佩戴。如果家里没有的，可以向别人借，别人也很乐意出借，这也体现了古代苗族社会原始平等的民族精神。①

2. 财富的象征

元明清时期，随着统治者对苗族地区政治、经济的开发，苗族与外界的交流日益频繁。清代初期，白银作为主要货币流通进入黔东南，在清朝中后期，外国铸造的银币也大量流入。辛亥革命后，北洋政府铸造的银圆和国民政府铸造的银圆同时成为流通货币，这就使得黔东南苗族有大量的白银货币积累。② 据村民说，麻料先民因为在外做银饰，积累了大量的银圆，后来来到了麻料，没有土地种粮食，就拿银圆买了好多土地，但是这并没有消耗完他们积累的"财富"。有了土地的他们仍然想继续自己一辈子的技艺，于是把剩下的银圆用来作为制作银饰的原材料，这个也就为苗族人用白银制作服饰提供了物质基础。一个人拥有的白银越多，也就表示他越富裕，为了显示自己的生存能力和富有，人们借银饰的美来展现自己的财富。清代的《龙山县志》记载："苗族……其妇女项挂银圈数个，两耳并贯耳环，以多夸富。"清徐家干《苗疆见闻录》记道："喜饰银器，其项圈之重，或竟多至百两。炫富争妍，自成风气。"③ 不仅在过去是如此，现在我们也仍然能看到，在一些重要的节庆仪式如结婚、过苗年和鼓藏节的踩芦笙等集体活动中，苗族女性会在身上佩戴自己所拥有的全部银饰，很多父母在女儿刚一出生就开始为其积攒银料，女儿出嫁时带的银饰数量也成为了父母财富荣耀和地位的象征。

---

① 黄小成:《浅议黔东南苗族银饰的文化内涵》，大众文艺，2014年第5期。

② 王荣菊、王克松:《苗族银饰源流考》，黔南民族师范学院学报，2005年第5期。

③ 转引自黄小成:《浅议黔东南苗族银饰的文化内涵》，大众文艺，2014年第5期。

3. 美好愿望的寄托

银饰在苗族人民的生活中有着举足轻重的作用。苗族人认为佩戴银饰有驱邪避灾、维护身体健康的作用，在访谈中，苗族姑娘李YY[①] 说："其实这边人对银还是有一些信仰的。像我手上的这个镯子，就是我小时候不爱吃饭，就从小戴到大的。这是百家饭做的镯子，就是集百家的钱拿来做的镯子。"苗族最早的银饰艺术萌生于巫术活动之中，银饰被用来作为巫术活动的器具，人们之所以喜欢随身佩戴银饰品，正是因为他们相信银饰不仅能促进伤口愈合、净化水质、防腐保鲜，还能安五脏、定心神、除邪气。在一些儿童佩戴的银帽饰、长命锁等银饰上，我们能看到苗族人通过各种象征吉祥的图案来祈求儿童顺利健康地成长。总之，黔东南苗族的银饰体现了当地苗族的历史和文化习俗，银饰上的动物植物纹样也反映了苗族的民族信仰，折射着苗族原始古朴的文化思想，它既是艺术品，又超越了艺术品的功能，它是苗族人民在长期的生产生活过程中不断赋予各种自然因素以文化元素形成的结果，它带给我们的不仅是美的享受，更有着深厚的文化内涵，是苗族人民历史的写照，是穿在身上的史诗。[②]

（二）传承机制

苗族银饰的传承方式主要是以家庭为主的血缘关系的传承，家庭传承包括父子传承、爷孙传承、叔侄传承、兄弟传承，也有一些是师徒传承。

从麻料村十几户从事苗族银饰制作的银匠家庭来看，95%的家庭是由家人共同参与银饰锻造，并以此为生存技能。他们锻造的苗族银饰，大多是作为商品出售的，家族传承也成了这种传统工艺最重要的一种传承方式。在每个家庭作坊中，男性从事着银饰的锻造工作，女性则是从事比较细碎的辅助工作和工坊里的售卖工作。老一辈的银匠人仍然受到保守的思想观念的影响，担心自己的技艺被别人获取而让自己丢掉"饭碗"。

李GC[③] 是BF银饰工坊的店主，也是这个工坊的银饰匠人，他的银饰

---

① 访谈对象：李YY，女，32岁；访谈时间：2019年6月3日；访谈地点：李YY家中。

② 黄小成：《浅议黔东南苗族银饰的文化内涵》，大众文艺，2014年第5期。

③ 李GC，男，76岁，麻料村村民，银饰匠人。

制作技艺是祖传的，年轻的时候，也是走乡窜寨，做过银饰生意。前几年在贵阳青岩古镇给一个老板做银饰。当问到李GC是否会接收徒弟时，他很坚定地拒绝了，李GC说："老板想让他带一个徒弟，他不愿意，现在老了，就在家自己开了一个小工坊。他有三个儿子，也都是学打银子，从事银饰制作的。对于传给外人，他觉得不能接受，认为传给了别人，自己的手艺就会被别人拿去，自己就找不到事做，就没什么优势了。"① 这与靳志华研究苗族银匠所提出的"父系血缘传承"② 的机制相一致。银饰锻造技艺的传承也与麻料人早期的生计方式有关，原先村里的银匠都是靠双腿走乡串寨，外出打银，非常辛苦，经常外出几个月才归家，带上男孩子比较方便，因此技艺基本上在父子间传承。另外，女性被排除在"技艺传承"之外的一个原因在于，婚姻的缔结中女性始终被认为是"外嫁"，传统的老一辈认为，如果把技艺传给女儿，一旦女儿结婚，技艺有可能会外传给女儿夫家，这无形中扩大了市场竞争力，仍然有丢掉"饭碗"的风险。

　　随着社会的发展，人们的思想观念也在逐步改变。目前除了传统的家族传承，苗族银饰锻造技艺也逐渐形成了师徒传承模式。有些男子喜好锻造银饰，但若家中无人擅长这门手艺，他们可以向当地精通这门手艺的师傅拜师进行学习。不过，师徒制中的学徒和师父之间一般都有一定的关系，要么是邻近村寨彼此熟识的，要么就是有中间人介绍。拜师的时候，徒弟需要准备鸡、鱼、酒和糯米给师父，在师父家族兄弟们的见证下行拜师礼，然后在师父家把带来的礼物做成饭菜并请师父的宗亲们来吃，表示师父已向家族打过招呼，宗亲们也都表示同意接受这个徒弟。银饰锻造工艺中的每道工序都是一代代师父靠经验积累下来的，师父在教会徒弟这门手艺的同时，徒弟也会把师父的锻造技艺沿袭下来。

　　在麻料村进行田野调查的时候，CF银饰工坊的潘SX师傅③ 说："苗族

---

① 访谈对象：李GC；访谈时间：2019年6月6日；访谈地点：BF银饰工坊店内。

② 靳志华：《黔东南施洞苗族生活中白银的社会性应用与文化表达》，昆明：云南大学博士学位论文，2015年。

③ 潘SX，男，43岁，麻料村村民，县级银饰非物质文化遗产传承人。

技师学艺，无严格手续规范。若要投师，只需一只鸡、一瓶酒、些许肉、些许糯米，即可登门拜师。师徒之间无尊贵卑贱之分，师父视徒弟如弟兄子侄，徒弟视师父如父兄。只要这个徒弟人品好，拜师用心专一，师父则谆谆教诲毫无保留。苗族学艺没有三年出师的死规定。从实际出发，什么时候学到手艺什么时候出师。出师时不需要举行仪式，徒弟出师以后有钱了，封一点红包，红包不在乎多少，有这个心意感谢师父就行。"[1]

由此可以看出，如今麻料村苗族银饰锻造技艺的传承已经不再完全遵循父子传承或者家族传承。关于银匠要不要带徒弟，潘SX有自己的看法，潘SX是麻料村年青一代银匠人的代表，思想受到现代商业化的影响，他意识到"抱团发展"比"单打独斗"更有利于银匠技艺的传承和发展。当笔者问："以前的老人都不教，你为什么会想到把你的技艺教给别人呢？"

他说："但是现在不同，现在我的销量多，我一个人根本做都做不完，需要徒弟的生产呀。属于说现在需要员工，但是也属于是收徒弟。现在徒弟也想来学艺，想来上班。就形成一种员工跟老板这个形式。就是销量多了，我不教给别人，就没有人跟我生产出东西来，我就死路一条。所以我得把这种东西传给徒弟，认真把徒弟教好。学会东西才能为我做事，就是这样。"[2]

可以看出，麻料村传承机制的转变受到当地人思想观念的影响。由于政府的扶持政策，如发展旅游业、开办银饰公司等举措使得麻料的银饰锻造技艺传承在近几年呈现出"复兴"的态势，这和其他苗寨银饰文化正在逐步消亡的现状形成了鲜明的对比。越来越多的年青人看到了开银饰工坊所带来的收益，当然收益也因人而异，出于经济的目的，这几年拜师学艺的年青人越来越多，尽管是出于经济的驱动力，而不是文化的自觉性，但不可否认的是，麻料的银饰锻造技艺的确找到了适应当地银饰文化发展的传承路径。"经济"是人维持自身生存的一项物质基础，在银饰锻造技艺

---

① 访谈对象：潘SX；访谈时间：2019年6月9日；访谈地点：CF银饰工坊店内。
② 访谈对象：潘SX；访谈时间：2019年6月9日；访谈地点：CF银饰工坊店内。

传承与保护的过程中，我们不能离开市场讲坚守，文化传承的主体是人，只有解决了人的现实困境，才能带动更多的人去传艺、学艺。

（三）技艺传承的特点

1. 传承的自由性

传承的自由性主要是指传承时间和空间的自由性以及传承内容的随意性，这是银饰技艺传承与现代学校教育不同的一个显著特点。下面是笔者对麻料村李ZX银匠师傅[①]的一段访谈：

笔者：您以前天天打银子吗？

李：我没有天天打，天天打哪个有时间，如果是在家里面，还是出去做事情的，回来以后得空了就去打银子嘛。

笔者：那您会拉丝还是雕花啊？

李：这些我也不会。只会打项圈、手镯。老一辈呢是搞那些丝丝，那些花。一样有一样的活路。我又搞不细致，我就搞粗一点。

笔者：您以前是打项圈手镯的时候，上面的图案是你提前想好的吗？

李：没有嘛，不是，我是看见哪个好看就打哪个，随便打，想打哪样就打哪样。

笔者：您是怎么教你儿子打银子的啊？

李：哦！那个那个就是一个看一个学嘛！

笔者："那你们这里有拜师父学的没？"

李："那个没得，这个东西一个打成了，要你家东西来我看。你看了你就照样子搞来，本身他是懂得一点，懂得一点他就看那些花样要好多长，好多宽。再来自己搞。"

总体而言，银饰技艺传承的自由性体现在：首先，在内容方面传授者没有明确的教学目标、教学内容以及教学计划，讲授只凭经验和印象，想到哪里讲哪里。学习内容主要根据学习者的个性特征决定，哪里不懂就重点教哪个部分的内容；其次，学习没有固定的时间，传授者平时不仅自己

---

① 访谈对象：李ZX，男，56岁，麻料村村民，银饰匠人；访谈时间：2019年6月13日；访谈时间：李ZX家中。

要花时间打制银饰，还要兼顾一定的农活，因此，只有利用休息或农闲的时间进行传授；第三，传承没有固定的场所。银饰工艺的掌握不仅需要日常的练习，也需要平时对图样、颜色的观察积累，因此，相比现代学校教育的固定场所而言，生活中任何时候、任何地方都可以进行传授。①

以下是笔者对CF工坊正在学艺的徒弟之一潘YD②进行的访谈：

笔者：你刚来的时候，师父会专门给你说说怎么做吗？

潘：没有，这个不需要怎么专门讲的嘛，师父怎么做，看着师父做就行了，不用那样的。

笔者：那有没有专门带着你一起做银饰的时间呢？比如晚上或者白天？

潘：没有，因为这是师父的工作室嘛，他不经常在家，都是我一个在做，有时候他回来了和我一起做。

笔者：那你们有没有专门会做一种东西，就是你师父让你去学？

潘：没有，就是他做什么，我就在旁边看着，看的次数多了，我也就会了，没有专门地去学啊之类的。

无论是师父还是徒弟，其说法大致相同，即没有固定的学习时间，学习内容也没有刻意安排，没有明确的目标，也没有教学的计划。学习的人就在学习实践的过程中，慢慢并自由地领悟和掌握锻造技艺的基本技能，因此，悟性不同的学习者掌握锻造工艺的时间也不一样。

2. "口传心授"与"言传身教"的结合

苗族历来只有语言而无文字。1956年10月，中国科学院与中央民族学院经广泛深入调查和科学论证，制定《苗文方案》。③邓迪斯在《世界民俗学》中说"在无文字的社会里，所有的制度、传统、风俗、信仰、态

---

① 尹斐：《苗族银饰锻造技艺传承的教育人类学研究——以湘西凤凰山江镇为个案》，北京：中央民族大学硕士学位论文，2012年。

② 访谈对象：潘YD，男，19岁，麻料村村民，CF银饰工坊学徒；访谈时间：2019年6月12日；访谈地点：CF银饰工坊。

③ 雷山县志编纂委员会：《雷山县志》，贵阳：贵州人民出版社，2012年，第112页。

度和工艺都是靠口头语言教导和示范来传播的。"① 苗族银饰的传承主要是一种家族式的传承，这种传承模式通常采用"口传心授"与"言传身教"相结合的方法。

（1）口传心授 —— 度的把握，用心感受

按《辞源》的解释，"传"的解释有：①传授；②宣扬、宣布、流动；③转送、迁送；④表现、流露。"授"的解释有：①给予、付与；②教、传授之意。②

口传心授是指通过口头相授、内心有所领悟。用"口"来传授，用"心"来感受，通过师徒之间的语言和非语言的心灵沟通从而达到授与学的目的，师徒之间的传承在口传心授中得以保留锻造技艺的精髓。这里举个例子，银匠师父在教授徒弟技艺的过程中，是不可能像学校教授化学实验、物理实验那样告诉学生定量的概念。比如熔银，需要正好达到某一个温度银才能熔化，以前在苗寨里没有温度计，不能测温度，只能靠平时父亲或师父传习的过程中，边看边听，慢慢操作，慢慢地积累经验。师父们只能告诉徒弟什么状态下正好是银熔解的状态而要多大的风力才能刚好到达熔解温度，什么时候银才会熔化，这种对银熔解点的掌握需要徒弟们多次切身经验，用眼观察，用心体会，这与课堂教学中有指标的标准来衡量的教学模式是完全不相同的。

（2）言传身教 —— 实践记忆，潜移默化

苗族银饰锻造技艺的传承方式除了口传心授，还有很重要的一种方式 —— 言传身教。银饰锻造技艺是一种动作技能，动作技能是指通过练习而形成的一定的动作方式。③ 不仅需要师父进行语言的表述，徒弟对语言的理解，更需要师父在实践活动中演示和示范。

---

① ［美］邓迪斯：《世界民俗学》，陈建宪、彭海滨译，上海：上海文艺出版社，1991年，第50页。

② 尹斐：《苗族银饰锻造技艺传承的教育人类学研究 —— 以湘西凤凰山江镇为个案》，北京：中央民族大学硕士学位论文，2012年。

③ 同上。

传统的银饰锻造技艺必须经过长时间的磨炼，否则不可能习得这门技艺。笔者田野调查期间，在CF银饰工坊见到了一位名叫潘CM①的学徒在学錾刻，经得许可，笔者也学着抡起小锤在银饰上面"叮叮当当"地敲，结果把银片弄得凹凸不平，体验效果不佳。工坊里的小哥说："刚来的时候，我也是什么都不会，只是帮师父做一些简单的活，然后师傅做的时候，他就会一边做一边说，我就在旁边看着，我自己就慢慢做，做的时间多了，我就会了。"錾刻在银饰锻造技艺中是一门技术活，不仅要边敲边构思图案，还要注意轻重，轻了没有力度，达不到好的效果，重了又会把银片给弄坏或变形。其次就是焊接，焊接不是用现在的火枪焊接，而是用以前传统的煤油吹灯焊接，银匠黄LS②老人说："以前我是看着我爸爸做的，刚开始我不会，后来我看着我爸爸做，他咋个做我就咋个做，慢慢就会了嘛，后来有火枪，就没有做了。过程嘛就是把你要接在一起的样子全部打好嘛，用个夹夹把它们夹起，稳住，然后用一点点泡过水的硼砂沾一点点，点起煤油灯，用弯钢管对起火芯吹，就焊起了嘛。"但是现在麻料村的匠人们都没有用这种焊接方式了，用的是火枪焊接，因为这样既方便又省力。

四、现代时空下的传承嬗变

（一）麻料银饰工艺非遗传承人

非遗传承人指经国务院文化行政部门认定的，承担国家级非物质文化遗产名录项目传承保护责任，具有公认的代表性、权威性与影响力的传承人，并且是熟悉掌握该非物质文化遗产、积极开展各种传承活动的积极分子。③

---

① 访谈对象：潘CM，男，21岁，麻料村村民，CF银饰工坊学徒；访谈时间：2019年6月7日；访谈地点：CF银饰工坊。

② 访谈对象：黄LS，男，72岁；访谈时间：2019年6月6日；访谈地点：黄LS老人家堂屋。

③ 参见《国家级非物质文化遗产项目代表性传承人认定与管理暂行办法》。

　　"非遗传承人"是国家为保护非物质文化遗产而实施的一个政策。随着社会的发展，人们虽然意识到了教育能摆脱贫困，但受到主流社会的影响，大多数人会执着地认为只有"铁饭碗"才能实现一辈子的经济保障，从城市到乡村，进入体制内就成了许多父母对孩子的期望。父母为了让孩子能有一份"光明的前途"，要求孩子只能去学课堂上老师讲授的知识，而父母掌握的某项传统手艺，出于担心孩子分心不好好学习，父母不会教授给孩子传统的手艺，再加上父母的"学技艺无用论"，许多的传统手艺正濒于失传。另外，受城市化发展和现代文化的冲击，年轻人的世界观、人生观、价值观也发生了极大的改变，城市生活成了年轻人共同的追求，文化传承主体的自觉性面临极大挑战，许多非物质文化面临着断层的危险。除了被传承人受到市场经济发展的影响，作为传承主体的传承人同样也面临文化传承与经济窘迫的现实困境，一些传承人迫于生活的压力，不得不离开生于斯长于斯的土地，离乡背井去到城里打工，在这样一种时代背景下，如何更有效地进行非物质文化遗产的保护？国家于2011年6月1日颁布了《中华人民共和国非物质文化遗产法》，其中第三十条第（二）款提出对于传承人"提供必要的经费资助其开展授徒、传艺、交流等活动"，这在一定程度上缓解了传承人的部分压力。同时第三十一条第（一）款规定了传承人的任务之一是："开展传承活动，培养后继人才"①，这对非遗文化的传承和发展起到一定的带头作用。目前，麻料村成功申报成为县级非遗传承人的银匠师分别为：潘SX、李SH、黄GY、李LS四位。省级和国家级的目前还没有。② 村里的李SH师傅③说："当时村里申报非物质文化遗产的有10人。他们一同申请，最后申请成功的有四人。目前文件刚下来，还没来得及去领取证书。"

　　要申请非遗传承人，一个重要前提是要熟悉和掌握其传承的非物质文化，在特定领域内具有代表性，并在一定区域具有较大影响力。通过访

---

① 具体内容参见2011年《中华人民共和国非物质文化遗产法》。

② 材料由麻料村村委会提供。

③ 访谈对象：李SH，男，48岁；访谈时间：2019年6月4日；访谈地点：李SH家中。

谈① 得知，村里的很多银匠师没有申请非遗传承人，没进行申请有以下原因：（1）觉得申报过程繁琐，不想去申报；（2）感觉这个称号有点高大上，担心花那么多时间去申请也不一定会成功；（3）有些比较年长的银匠不太懂这个是干什么的，不知道到底有什么作用。

对于一个匠人来说，除了自己的工匠技艺之外，知名度也是很重要的。而"非遗传承人"这个称号就是一位工匠的华丽外衣。有了这件外衣，可让他们在外人面前达到修饰自我的作用，同时也是向人们证明自己实力的有力证据，并且也可以提升自己的知名度。正如银匠师李YC② 所说："有了这个证书，我把它放我店里，别人看到了，就更加认可我。生意就会更好些。我也可以抬高点价格，就有更多利润。只是当时也怕麻烦没有申请。"李SH③ 也说："肯定是有好处我才去申请的呀，虽然县级的没得什么补助，国家级的才有。但是有这个证书也很不错。以后生意就会更好一些。"

在现有国家政策之下，麻料村银匠师比老一辈的银匠师获得了更多被别人认可的机会。老一辈的银匠师没有"非遗传承人"的证书来证明自己，没有获得任何的保护政策，因此手艺只能在家族内传承，就像李GC老人④ 说的："我们是不想教给别人，因为别人会了，我们靠什么吃？"老一辈的银匠师靠着打银技术养活一家老小，当这门技艺无法保障自己的生活时，就很难去考虑传承的问题。

新一代的银匠师通过自己的努力去争取"非遗传承人"的称号，使自己得到更多人的认可，这让银匠师获得了一定的利益，生活有了更大的保障，从而增强他们的自信心，愿意在更广的地域范围内进行传承，但这也需要银匠师树立正确的思想观念，"非遗传承人"是文化遗产保护的直接

---

① 访谈对象：潘SL（男，42岁，银匠）、黄GP（男，45岁，银匠）、黄GW（男，38岁，银匠）、李YC（男，42岁，银匠）；访谈时间：2019年6月7日；访谈地点：麻料村博物馆。

② 访谈对象：潘SL（男，42岁，银匠）、黄GP（男，45岁，银匠）、黄GW（男，38岁，银匠）、李YC（男，42岁，银匠）；访谈时间：2019年6月7日；访谈地点：麻料村博物馆。

③ 访谈对象：李SH，男，48岁；访谈时间：2019年6月4日；访谈地点：李SH家中。

④ 访谈对象：李GC，男，76岁；访谈时间：2019年6月6日；访谈地点：BF银饰工坊店内。

参与者，有责任和义务来宣传和保护非物质文化。靠此称号来获利的同时，不能忘记自己的社会责任。

（二）现代传承模式

如今，麻料银饰技艺的传承已跳出了传统的家族传承和师徒传承。顺应市场的需要，麻料村充分利用各种资源，使麻料的银饰技艺传承走出了自己的创新之路。

1. 建立麻料银饰刺绣传习馆

银饰刺绣传习馆的建立其根本不是完全为了服务于本村村民，而是通过向外传承银饰技艺，宣传和扩大麻料的知名度，发展旅游业。旅游开发与银饰技艺免费培训相结合，是麻料村的一大特色。可以说，在顺应市场需求的前提下，银饰刺绣传习馆成了麻料村银饰技艺的传承模式之一，这也是麻料村的一个集体经济试点发展项目，通过免费培训银饰锻造技艺，吸引了一些游客前来当地旅游。游客在旅行中还能体验银饰制作，在当下也是较新颖的旅游项目，推动了当地银饰产业的可持续发展。

麻料银饰刺绣传习馆成立于2018年。早在2016年5月，在文化和旅游部的支持下，苏州工艺美术职业技术学院与贵州省文化厅合作共建了"传统工艺贵州工作站"。依托工作站，苏州工艺美院开展了"中国非物质文化遗产传承人群研修研习培训计划"（简称研培计划），重点培训贵州等西部省市的传统工艺传承人群，使他们能够"学艺谋生，传艺致富"，麻料村银匠潘SX等被推荐参加了2017年度的培训。在这样的培训理念下，以潘SX为代表的年青一代银匠师开始思考如何把旅游开发和银饰技艺相结合，苏州工艺美院、传统工艺贵州工作站的工作人员也为此出谋划策。2018年全村人筹资100万元，申请扶贫资金58万元，将村里闲置的小学、民房改造成银饰加工坊、银饰刺绣传习馆。村民联合成立百匠银器合作社、银绣旅游发展有限公司、银匠协会等，采取"公司+合作社"的经营模式。培训基地与博物馆相结合的方式吸引了不少游客，同时也带动了村里的银饰作坊、民宿、农家乐的发展。

村里外出打工的银匠师们开始体会到民族文化与乡村旅游相结合的优

越性, 纷纷回到村里创业, 从理论上似乎能缓解麻料曾经作为"空心村"遗留下来的空巢老人等社会问题, 但事实上, 现在留在村里发展的年青人仍然很少, 尽管村委提供的数据资料中提到自2018年5月以来, 麻料村共接待游客8000余人次, 旅游综合收入90余万元, 但麻料村旅游资源的单一性限制了当地旅游业的发展, 导致近两年游客人数递次减少。尽管银饰刺绣传习馆是当地的特色旅游项目, 通过传习馆的体验式教学让一些年青人对民族文化产生了兴趣, 但要实现活态传承, 让麻料更多的年青人掌握这门技艺, 还需要结合传统的师徒传承。

2. "村校合作"模式

社会的多元化发展使得人们对银饰的审美观发生了变化, 银匠不能再完全按照传统的审美观去打制银器, 继续走传统道路, 银饰制作技艺将难以找到生存和发展的土壤, 因此, 麻料的银匠师也需要外出学习相关知识, 开阔眼界, 提升自己的工艺技能。自2017年开始, 麻料村与凯里学院、黔东南职院、贵州师范大学、苏州工艺美院等多家高校建立了"村校合作"模式(见图8-17)。

图 8-17 "村校合作"牌匾

（1）与凯里学院合作

"中国非物质文化遗产传承人群研修培训计划"是《国家"十三五"文化发展改革规划纲要》提出的重要任务。该计划提出后，麻料得到了高校的学术资源的支持，麻料的银匠们进入凯里学院，参加了为期一个月的培训。2017年6月26日至2017年7月25培训班开办第六期，麻料村有5名学员参与，2017年8月21日至2017年9月19日培训班开办第八期，麻料村有30名学员参与，学员包括麻料银饰非遗项目的匠人、传承人、从业者等，年龄最大的50岁、最小的26岁，平均年龄35岁。培训课程为理论课与实践课相结合，包括专业技能实训、主题创作、参观考察等教学环节，理论课主要是向学员传授苗、侗少数民族文化、美术基础理论知识和民族文化产品经营理念等。① 表8-1为第八期培训班的课程目录：

表8-1　文化和旅游部、教育部"中国非物质文化遗产传承人群研修研习培训计划"凯里学院第八期银饰班

课程名称	授课教师
黔东南非物质文化遗产概况	栗周榕
非遗传承人政策解读	方大文
《保护非物质文化遗产公约》	张雪梅
《非遗法》	张雪梅
黔东南少数民族文化与银饰	曾祥慧
苗族古歌与文化创意开发	雷秀武
民族手工艺生产性传承	曾梦宇
黔东南少数民族银饰的文化价值	陈明春
黔东南少数民族图案解读	杨文斌
Photoshop电脑设计	娄山/邰光忠

---

① 原始资料由麻料村委会、凯里学院美术与设计学院提供，由笔者对数据进行汇总、整理。

课程名称	授课教师
文娱活动与休息	
黔东南少数民族纹样中的汉文化	淳于步
黔东南民间工艺美术鉴赏	赵同波
银饰图案基础	郭晓节 / 李娜
银饰设计手绘表现	李曼
银饰创意设计	王晓莺
参考丹寨万达小镇	骆光艳 / 邰光忠
银饰的抗氧化及保护策略	王翔
银饰技艺体验与交流	杨光宾 / 李正云 / 吴水根
黔东南少数民族非遗传承模式	张雪梅
黔东南苗族文化	李斌
银饰工艺的艺术审美	姚绍将
世界银饰风格	邰光忠
银饰产品摄影	娄山 / 邰光忠
参观考察苗妹博物馆州博物馆	骆光艳 / 邰光忠
银饰工艺品主题创意设计与制作	李娜 / 骆光艳 / 徐丽平 / 娄山 / 郭晓节
云南考察	邰光忠 / 郭晓节 / 骆光艳 / 李曼 / 李娜 / 王晓莺 / 徐丽平 / 娄山
作品创作、培训心得交流、作品展	邰光忠 / 骆光艳

（资料来源于麻料村博物馆档案《凯里学院合作材料》）

从课程目录中可以看到培训的内容涉及法律、设计、摄影等方面。其目的是让银匠们通过学习，开阔眼界，才能更有创意的去设计自己的产品，同时要学会对自己的产品进行包装，利用现代的观念或者从一些苗族传统文化中找到灵感，从而给产品赋予新的文化意义，也就是要在传承的基础上运用所学知识更好地去创新。

李SH师傅① 说:"就是教我们怎么包装怎么销售啊,假如是你打造一个东西出来,你必须说明他是代表什么。就比如一个碗,上面有龙和凤,龙是代表男人,凤就代表女人。中间有荷花。代表家庭合合圆圆。还教我们画画,怎样去设计一些东西啊。"从李师傅的说法中可看出,银匠们开始学会用一种现代的思维观念对自己做出的银饰赋予象征意义和文化内涵,就像钻石,其本身与爱情无关,但人们却把钻石与爱情挂钩,现在钻石已经成了爱情的象征。银饰品也是如此,除了外表的精美之外,需要给其赋予一定的象征意义它才会"活"起来。

实训课程主要是对麻料的匠师教授银饰传统手工技艺的制作应具备的工艺知识、设计知识与手工制作流程、制作技艺等。凯里学院还组织学员到传统手工技艺非遗博物馆及加工、销售企业进行参观考察,让学员了解黔东南非遗保护和传统工艺品市场现状。由于麻料的银饰产业计划发展文化产业道路,因此需要银匠们自身对银饰市场要有所了解。麻料村现在已经不再仅仅满足于打制银饰拿去出售,而是从长远考虑,村里人正在努力让当地的银饰产业能跟上时代的步伐。凯里学院给麻料的银匠培训,麻料给学校提供实训基地,双方互惠互赢,对麻料的匠人来说,或多或少都有一定的帮助。潘SX师傅② 说:"我觉得这个培训对于我来说还是有挺大作用的,可以了解更多历史上的文化,还有能让我们开阔眼界,便于自己的设计与创新。还有一些市场观念上的变化。"

(2)与黔东南职院合作

由于国家和政府要求实现文化扶贫、非遗扶贫,黔东南职院根据自身条件,结合麻料的情况,派人才、智力、技术进入麻料村,为村民提供培训、咨询、指导、建议等服务。由黔东南职院的民族文化产业系部分师生分成三个小组,支持和服务麻料村发展,其中有乡村风貌提升服务工作组、文化旅游产业设计服务组、银饰技艺创新服务组。

① 访谈对象:李SH,男,48岁;访谈时间:2019年6月7日;访谈地点:DX农家乐。
② 访谈对象:潘SX,男,43岁;访谈时间:2019年6月8日;访谈地点:CF银饰工坊内。

银饰技艺创新服务组组长：张刚；成员：张永泽、彭晓青及相关专业教师、设计师等。

该组主要有两项任务：第一，对麻料村进行银饰产业扶持。派黔东南职院的专业教师、合作企业设计师深入麻料村开展银饰培训工作，其目的是拓宽银匠师的视野，提升银匠的现代审美意识和银饰技艺水平，以便于提高

图 8-18　黔东南民族职业技术学院在麻料村的挂牌

匠人们的创新能力。另外，拓宽银饰产品市场，为麻料银匠联系银饰订单，从而有利于提高当地的知名度。同时，职校在麻料开展银饰抗氧化项目研究，以便能够将银饰工艺创新的科技研发成果运用到麻料村，同时鼓励专任教师与银匠结对合作，共同开展项目申报、科技攻关和成果转化工作。

第二，文化挖掘。黔东南职院选派民族文化和艺术设计领域专业技术人员深入麻料村帮助挖掘建筑、遗址、上百年历史的苗族民居和银文化内涵，对麻料村村寨单体房屋、建筑及农家乐传统符号和元素进行提升设计等。[①]

通过"村校合作"这一形式，许多匠人在设计和销售方面有了较大提升。只有解决了银匠们的现实困境才能谈创新，继而银饰工艺才能得到有效地传承，"村校合作"已然成了麻料银饰工艺传承的一个重要路径。

———————

① 资料来源于麻料村博物馆档案材料。

3. 麻料村银匠协会

麻料村银匠协会于2008年由麻料的银匠师成立。第一届会长为李GH，第二届会长为黄GY，副会长为潘GF和黄GW。2017年进行换届选举，依据个人的银饰制作技艺水平、管理能力、组织能力以及人品，进行内部投票选举会长，最终投票选举结果为：第三届会长为潘SX，副会长为李SL、李LS。现在麻料银匠协会从原来的五六人已经发展为现在的几十人。

表8-2　麻料银匠协会历届任职表①

姓名	性别	社团职务	政治面貌	任职时间
李GH	男	会长		第一届
黄GY	男	会长	党员	第二届
潘GF	男	副会长	党员	第二届
黄GW	男	副会长	党员	第二届
潘SL	男	秘书长	党员	第二届
黄GP	男	委员	党员	第二届
潘SX	男	委员		第二届
黄GB	男	委员		第二届
潘SX	男	会长		第三届
李SL	男	副会长		第三届
李LS	男	副会长		第三届
潘SL	男	秘书长	党员	第三届
黄GP	男	委员	党员	第三届
黄GW	男	委员	党员	第三届
潘GL	男	委员		第三届

① 资料来源于麻料村博物馆档案材料。

之前，银匠协会的主要作用为会长外出交流学习帮助村里银匠接收外界信息。例如，银饰制作比赛或者交流活动等，协会会长会在第一时间得到信息，及时通知村里的银匠，为银匠们争取发展和学习的机会。第三次换届大会之后，银匠协会的主要作用为增强协会凝聚力，通过集体力量来发展麻料村。在麻料，少数银匠师对这门技艺是没有信心的，他们认为现在银饰制作完全可以机器代替，机器产量高，成本低，售卖价格自然就低。而手工的产量低，又耗时，售卖价格相对较高。这样一来，人们都会选择价格低的银饰购买，也许再过几年，机器生产将逐渐替代银匠师。面对银匠师们的生存压力，在银匠协会的带动下，村里成立了银绣旅游开发有限公司，银匠师们又逐渐增强了信心。麻料村银饰制作技艺只有在旅游的推动下扩大知名度，才能增加销售量，从而激发村里银匠们对银饰锻造技艺的传承与保护积极性。

五、作为"文化产业"的传承路径

（一）麻料村银饰产业化的重要性

"文化产业"一词，是阿多诺和霍克海默最先在《启蒙辩证法》一书中提出的："文化产业必须和大众文化严格区分开来。文化产业把旧的熟悉的东西熔铸成一种新的特质。在其各个分支中，那些适合大众消费的产品，那些在很大程度上决定着消费特性的产品，或多或少地是按计划生产的。某些分支具有相同的结构，或者至少说是彼此互通，它们被置于一个几乎没有差别的系统之中。正是通过技术手段以及经济的和管理的集中化，这一切才有可能实现。"① 在经济全球化的今天，民族文化受到了前所未有的冲击，如何在民族文化的碰撞与交融中，保持自身文化的特色，同时适应时代的发展以实现文化的传承，这是亟须解决的问题。

通过文化产业化，不仅可以把民族文化资源转化为经济优势，激活文

① [德]马克斯·霍克海默、西奥多·阿道尔诺：《启蒙辩证法》，上海：上海人民出版社，2006年，第76页。

化自身，经济效益反过来又有助于民族文化的传承与发展，可以说，文化
产业化是民族文化传承与发展的有效途径之一。麻料人世代以银饰打造为
生，银饰制作技艺是当地的支柱产业，也沉淀着麻料人的历史与文化。银
饰文化的产业化发展不仅能带来一定的经济效益，而且起到了文化传播的
作用，在扩大麻料知名度的同时使得当地旅游业得到发展，从而带动相应
的产业链发展，在获得经济收入的同时也增强了麻料人对自身民族文化的
认同感。

（二）文化产业现状

近年来麻料的年轻人正在努力振兴家乡，特别是在银饰技艺的发展
上，该村出现了很大变化，由原来的"空心村"正在慢慢走向名副其实的
银匠村。

1. 麻料村银绣旅游开发有限公司

雷山县西江镇麻料村银绣旅游开发有限公司，是一家主要以经营银饰
和刺绣产品销售的旅游文化经济发展公司，成立于2018年1月15日，村
民筹资100万，申请扶贫资金58万，目前有一百四十多位村民参与，其中
包括47户精准扶贫户。

图 8-19　麻料银饰刺绣传习馆牌匾

表8-3　麻料村银绣旅游开发有限公司机构表

职位	负责人	职务
董事长	李LS	主持公司全面工作。
副董事长	李SL	负责公司日常经营管理工作及党务工作。
监事长	潘SX	负责公司监事会工作。组织领导公司的财务管理、成本管理、预算管理、会计核算、会计监督、审计监察、接待游客等方面工作，加强公司经济管理，提高经济效益。
会计	黄GY	负责做好财务总账及各种明细账目。
出纳	潘SL	负责做好各种报销或支出的原始凭证审查工作。
股东代表	李SH	负责给游客安排吃住。
	李GH、李DR、李GQ、李GL等	负责对公司日常工作的监督管理，出席股东大会行使相关职权。
保安	李GQ、李GL	

　　在国家精准扶贫政策实施的背景下，公司主要由银饰协会发起组织，带动村民参与创建。通过银饰刺绣传习馆的特色旅游项目带动村里农家乐的发展，销售手工银饰产品和经营农家乐获得利润后，按年分红，50%留给公司作为经济发展，24%由贫困户和股东全部分配，6%专项分给贫困户作为鼓励发展股份，公司的目标是带动村里的精准扶贫户走上脱贫致富的道路。另外，公司还致力于培养和发展下一代民族银饰制作和刺绣技艺民族文化的传承人，目前公司有七十余名经验丰富的老银匠。

　　公司成立几年多来，实际情况是银饰公司常年入不敷出，能给贫困户的分红极为有限。对于该公司的经营状况以及对贫困户的经济扶持，村民

与公司负责人存在不同的看法：①

A："其实那个公司我没有参与。好像就是博物馆里的东西卖出去后，按年分红。但是好像也没卖出多少。"

B："目前我觉得这个公司没有达到当时的预期，不过起码能养活一些人。博物馆里的银饰是参与集资的银匠们做的，做好后由博物馆收买，再拿去售卖。公司本钱是股东的，得到利息后分给股东。除了分给股东后，就按6%分给村里贫困户。（就算该贫困户没有参股也可得到，若参股就会有两份分红，一份是作为贫困户的分红，另一份是作为股东的分红。）"

C："这个公司啊，根本没赚什么钱。"

麻料村采取"公司＋合作社"的经营模式，目的是带动贫困户一起发展，让贫困户脱贫致富。这也让麻料村一度成为了传统工艺助力精准扶贫的典型案例，黔东南各乡镇都曾组团来到麻料村参观、学习。村委会的初衷是整合银匠的力量，抱团发展麻料村，但我们无法忽略的是市场的供求机制，这也是当前银饰公司所面临的困境之一，而民众加入银饰公司则是想通过在家乡创业便能实现家庭收入的增长，政策的扶持让他们一度对银饰公司持乐观态度，从而看不见市场这只隐形的抓手，因此，年底分红成为了村民衡量银饰公司经营好坏的唯一标准。

2. 银饰工坊

麻料村银饰工坊的建立成了雷山县乡村振兴的一个试点项目。先由村民自己投资装修自家工坊，政府再来考察，然后报销装修费。全村共有13家工坊（见表8-4），工坊一般建在村民自家楼下，开业时会给祖宗烧香，祈求生意兴隆。由于麻料的游客数量较少，游客中想要购买银饰的人数有限，目前开门经营的银饰工坊只有五六家店。许多银匠在麻料开工坊之前就在外面开有银饰店，工坊开业后，由于生意惨淡，银匠们又去外面做自己的生意了，家里只剩老人，老人年纪大了也不懂得经营。村里的

---

① 笔者针对银饰公司的经营状况询问了村里的一些股东及村民，部分村民对银饰公司的经营现状持否定态度，还有少部分持观望态度，由于涉及到敏感言论，这里笔者只提炼出部分观点，而访谈对象的信息将被隐去。

GB银饰工坊位于村内较偏的位置，笔者在田野调查期间从未见该工坊开门营业。2019年6月7日下午笔者遇到工坊门口一位老人正欲锁门离去，笔者遂上前询问，得知老人名叫李GL，李GL老人① 说："我仔都出去开店了，这个我叫他关门了，我讲我老人家老了，开这个，把东西搞丢了不好。他到外面去生意要好点。"

表8-4　麻料村银饰工坊一览表

序号	名称	持有人	成立时间	投入资金（万元）	工匠人数	销售渠道	销售额	
							2016年	2017年
1	CF银饰工坊	潘SX	2017.3	10万	10人	自产自销	20万	30万
2	YY银饰工坊	李SH	2014.3	18万	3人	自产自销	——	——
3	GF银饰工坊	李FZ	2017.5	3万	3人	自产自销	——	3万
4	XJ银饰工坊	李XJ	2017.5	3万	2人	自产自销	——	8000
5	YS银饰工坊	李SR	2018.5	6万	3人	自产自销	——	——
6	CY银饰工坊	李SJ	2018.8	8万	3人	自产自销	——	——
7	LH银饰工坊	潘LH	2015.8	2.5万	2人	自产自销	6000	1.5万
8	HGY银饰工坊	黄GY	2015.3	10万	2人	自产自销	1万	1.5万
9	ZL银饰工坊	黄GJ	2016.5	10万	3人	自产自销	6000	8000

① 访谈对象：李GL，男，81岁；访谈时间：2019年6月7日；访谈地点：GB银饰工坊。

序号	名称	持有人	成立时间	投入资金（万元）	工匠人数	销售渠道	销售额	
							2016年	2017年
10	BF银饰工坊	李GC	2018.7	2.8万	3人	自产自销	——	——
11	YJG银饰工坊	李YC	2014.1	10万	4人	自产自销	20万	20万
12	GB银饰工坊	李GB	2018.7	6万	1人	自产自销	——	——
13	DJ银饰工坊	李DJ	2018.8	8万	4人	自产自销	——	——

（资料来源于麻料村博物馆档案《银饰工坊材料》）

麻料村银饰工坊简介

YY银饰工坊：

2018年3月由县级非遗传承人李SH投资17万元人民币创建，经营面积30平方米，原名XD银饰工坊后改名为YY银饰工坊。银饰工坊也兼营农家乐，在村里田野调查期间，笔者就居住于此。YY银饰工坊几乎很少开门，在笔者与老板李SH提出想要进去看一看时，李SH师傅才打开门。平时李SH师傅主要经营农家乐，来村里的游客几乎都住在李SH师傅的农家乐，农家乐可以吃饭、住宿，因此，忙于经营农家乐的李SH师傅也就没精力再去经营银饰工坊。作坊正式运营后带动了李SC、李XJ等6户贫困户共同发展。

CF银饰工坊：

2017年建立，2018年3月正式落成并投入生产使用，工作室由县级非遗传承人潘SX投资创办，占地面积150平方米，现有员工十余人。主要业务为苗族银饰工艺品生产与苗族银饰工艺体验，带动贫困户2户。CF银饰工坊也是目前麻料村经营得最好的银饰店，银匠潘SX主要的销售渠道是线上，通过目前点击率比较高的APP如抖音、快手等视频平台来展示他店里的银饰，因此村里游客数量的多少对店内银饰的销售并无太大影响，2017年CF银饰工坊主要通过线上销售，营业额达到30万。笔者在村里调查期间，刚好遇到阿里巴巴旗下的工作人员在CF银饰工坊进行直播销售，可以说，CF银饰工坊银饰的销售不再受到时间和空间的限制。借助网络媒介，已经成功实现了银饰产业化。

GB银饰工坊：

2018年8月，由该村银匠李GB投资6万元人民币创办，经营面积22平方米。主要加工苗族传统银饰系列产品，目前主要是接订单制作银饰。

DJ银饰工坊：

2018年8月，由该村银匠李DJ投资创办，经营面积20多平方米。主要加工苗族传统银饰系列产品，带动贫困户1户。由于需要在家照顾父母，银匠李DJ选择留在村里开工坊，有时也会接一些订单来制作。

BF银饰工坊：

2018年，由李GC投资所建。李GC老人说由于自己年纪大了，不想去外面闯荡，所以建了这个工坊。自己的儿子有的在外开店，有的给老板当匠师。

ZL银饰工坊：

由黄GJ2016年投资创建，由于黄GJ在西江有银饰店，忙不过来，工坊一般不开门。

YJG银饰工坊：

2014年成立，由李YC投资创办。目前正在重新装修，暂时未营业。

由于其他工坊有的没开门，有的主人家外出开店，村委会也没有对银饰工坊有具体的情况记录，工坊的详细情况只能留待回访后再进行补充。

总体来看，麻料村的银饰制作已经逐步实现产业化。从银饰公司到多家银饰工坊的开办，麻料村人也在结合本村寨的特色，寻找一条可持续发展的产业化道路。尽管现在麻料村所开设的银饰工坊能正常营业的很少，但银匠们在村寨以外仍然能够依托银饰锻造技术实现经济收入。当然，目前在实现银饰产业化的过程中也存在一些问题：

1. 销售市场窄，经济效益低

麻料的银饰工坊除了CF银饰工坊成功地打开了知名度，实现了线上线下同时销售，其他的银饰工坊都还在保守地进行线下销售，麻料的游客数量有限，在有限的游客数量里需要购买银饰的人数又极少，这就造成经济效益极低。而生意惨淡又刺激了银匠们不愿待在村里，宁愿再一次背井离乡出门做生意，这使得当地的产业化发展受到阻碍，虽然麻料的银饰文化产业化已经初具规模，但由于作为主体的银匠师们的缺位，产业规模也在逐渐缩小。在民族文化中传承主体离开了其传承的土壤，我们也就无从谈文化的传承与保护。

2. 生产分散，缺乏品牌意识

尽管通过麻料村银绣旅游开发有限公司已经将银匠师们进行整合，表面看似乎已经形成"抱团发展"，但通过走访了解到，银匠们仍然是各自为政，生产比较分散，生产时间也依个人时间而定，比如李DJ在自家开设的DJ银饰工坊旁边又开了一个小卖部，卖一些日用品，只有家里有其他人照看小卖部的时候，李DJ才能腾出时间来做银饰。另外，每一家银饰工坊的销售和订单都是凭个人关系获得，如果人际关系广或者思维比较活络，经济收入自然就比较高，比如CF银饰工坊的潘SX银匠，由于他经常外出学习，与各行各业的人都打过交道，在开阔眼界的同时能够灵活变通地把产品销售出去，对于他而言，不管麻料的游客多与少，网上商店为他提供了更广阔的市场。

在麻料，大多数的银匠都缺乏品牌意识，目前还未能形成从产品的设计、生产、包装、销售、宣传、售后服务这样一条完整的产业链。笔者也与一些银匠就银饰品牌化问题进行过访谈，大多数的银匠没有想过，也明确表示不懂。在开有工坊的银匠中，潘SX和李YC有考虑过把自家银饰包装成品牌，但他们也表示这个事情的操作难度大，需要足够的资金和智力支持，以目前个人的能力很难实现。银饰品牌化是银饰文化产业化的必然趋势，品牌对于消费者的行为引导也是显而易见的，品牌效应一旦形成，销售将具有非常可观的前景。

第九章　民间社会组织

　　苗族民间组织是乡村治理的一支重要力量，它在促进乡村治理中发挥着重要作用。我国历史上，苗族社会长期处于部落化、散杂化、分散性的状态，苗族的生产方式和生活方式没有形成固定模式。在苗族村寨内部，存在着以自然血缘为纽带而结成的"半熟人社会"模式。这种社会结构使得村寨内部的社会治理具有较强的自主性。传统的麻料社会存在鼓社制、寨老制、议榔等三种主要的社会组织形式。

一、鼓社制

　　鼓社最初由同一氏族的人组成，苗语称（Jangd Niet），汉译为鼓社，即由一个男性祖先发展而来的，集政治、经济、宗教等功能为一体的宗族组织。马克思在《摩尔根〈古代社会〉一书摘要》中认为："氏族是出自一个共同的祖先，具有同一氏族名称并以血缘关系相结合的血缘亲族的总和。"[①]"而家族则是由本质上和氏族的成员相符合的一群人组成的。"[②]苗族鼓社本质上是一个父系氏族或父系大家族公社。麻料村的鼓藏头一直以来都是由男性担任，从未有过女性鼓藏头，这源于"鼓社"的成员来自同一个男性祖先所组成的血缘集团。

　　麻料村的重大节日活动几乎都是由鼓藏头组织领导的，鼓藏头相当于

---

　　① 马克思：《摩尔根〈古代社会〉一书摘要》，北京：人民出版社，1965年，第76页。

　　② 马克思：《摩尔根〈古代社会〉一书摘要》，北京：人民出版社，1965年，第25页。

麻料村的领头人，在村里有着特殊的象征意义和社会地位。村里一般来说有五个鼓藏头，五个人分工各有不同。以前大鼓藏头[①]负责村里的大小事务，现在村委会设立了专门管理村里事物的职位，比如调解员之类的来管理村里的事物，所以现在的鼓藏头主要管理村里的重大节日活动等。如果村委会遇到难以解决的事，人们就会请鼓藏头出面去处理，从这里也体现出鼓藏头在村里还是有着很大的威信和影响力。小鼓藏头主要负责执行大鼓藏头的决定，相当于一个副手，起协助作用。第三个鼓藏头主要负责管理账目，比如节日里的财政收入和支出，相当于村里的会计。第四个和第五个鼓藏头主要负责为节日活动准备工具及材料，相当于鼓藏头领导下的成员。鼓藏头的设置，实则是麻料村权利格局的一种体现。

表9-1 麻料村现任鼓藏头名单

职位	名字	性别	年龄	分工
鼓藏头（大）	李SJ	男	46岁	鼓藏节一切事物均由他开始，领头人。
鼓藏头（小）	李R	男	47岁	执行大鼓藏头的决定，起协助作用。
鼓藏头（三）	潘SH	男	44岁	协助鼓藏头（大、小）负责筹集资金，相当于会计。
鼓藏头（四）	黄TP	男	50岁	负责节日期间工具、材料准备，相当于前面三位鼓藏头的员工。
鼓藏头（五）	李GJ	男	47岁	分工与鼓藏头四一样

前面（五章三节）已经介绍过鼓藏头的具体选举条件。鼓藏头的选举条件也是麻料村人对自己和他人的一种要求和鞭策。以前，如果村里同时有很多个鼓藏头候选人的话，一般由前一任的鼓藏头来决定最后的鼓藏头人选。现在一般就由村民投票，选出最后的鼓藏头人选。鼓藏头选举方式

---

① 鼓藏头的分工具体见表9-1。

的变迁，也体现出麻料村的民主发展和权力结构发生改变。村里的鼓藏头选举，并不都是自愿参与的，因此就有可能会出现最后选出来的人不愿意当鼓藏头的情况，这时候村里的人就会带着芦笙去他家门口跳芦笙，一直跳到他同意当鼓藏头为止。据李BF老人[1]说，他小时候就看到过村里一个不愿意当鼓藏头的人，于是全村的人就带着芦笙去他家门口跳，一开始他就是不同意，甚至还关上门不见人，后来村民们在他家门口跳了三天三夜，晚上冷了就在门口生火取暖，最后他被村民们的诚心打动，同意当鼓藏头。从这里，也可以看出麻料人对于鼓藏头的重视。

　　鼓藏头的任期是十三年一选，不能连任。村里人认为十三年是一个很长的时限，其间可能会发生很多变故，人的品质也可能会发生改变，为了防止鼓藏头以权谋私、贪污腐败的现象发生，村里规定鼓藏头十三年一选，而不是终身制，也不能世袭。麻料村的鼓藏头选举制度，实则也是为了对鼓藏头的权力进行制约。鼓藏头在村里很受人尊重，他们的家人亦是如此。跳芦笙的第一天，也要先由鼓藏头家的姑娘和小伙先到芦笙场上去跳三圈，其他村民才能加入其中，否则，就犯了大忌。鼓藏头的儿子在参加各种节日时，也会扮演一个很重要的角色。如果来客人了必须是鼓藏头家的客人先来，等鼓藏头家的客人来齐了之后，其他村民家的客人才陆续过来。有的鼓藏头也是"活路头"，比如插秧先由鼓藏头家起插，他家插完了，其他村民家才开始插。村里商量大事也要有鼓藏头和寨老在场，若鼓藏头不在场则所商量之事也需鼓藏头了解，否则不作数。现在由于国家力量的进驻，很多村里的重要事情有村长、支书在场也可以决定。这些特权也算是村民给予鼓藏头的一项特殊荣誉，以及他对村里做贡献的一种奖励。如果在这十三年里，鼓藏头年老了无法管事，而他的儿子已经成年结婚生子的话，就可以暂且代替鼓藏头去做事，但是他的儿子并不能算是鼓藏头。

---

[1]　访谈对象：李BF，男，64岁；访谈时间：2019年6月11日；访谈地点：麻料村村口篮球场。

二、寨老制

"寨老制"是苗寨传统的具有极大权威的民间自治组织，"寨老制"由"寨老""族老""理老""鼓藏头""活路头""榔头"等组成。以寨老为主，都是由民众选举产生。一般来说，一个同姓的家族会选举两名寨老，这具有明显的宗族特征。

西江苗寨"寨老制"的发展大致可以分为四个阶段：第一阶段是传统的以"寨老制"为最高权力机关阶段，后因人民公社化运动而瓦解；第二阶段是旅游业发展带动"寨老制"的复苏；第三阶段是旅游发展过程中"寨老制"被挤出；第四阶段是多方参与治理"寨老制"回归。

"寨老"，苗语称（Ivl Vangl），汉译为"楼昂"①，新中国成立前，寨老的职能覆盖面极广，调解家庭纠纷，处理偷盗、抢劫、伤害等案件；组织村寨开展公益事业，如修筑道路、建设水利设施；组织并主持村寨的祭祀活动和娱乐活动；维护村寨的集体利益，如管理村寨山场、草地、鱼塘、河流、水利设施等公共财产；负责对外交涉以维护本村寨利益不受侵犯，如代表本村寨与外寨进行各种交涉，协调与外村寨的关系。另外，寨老还有权召开长老会议和村民大会，讨论有关村寨的重大事务并做出相应决议。后在国民党统治时期，出现了保甲制度，保长、里长也分管村里的大小事物。寨老作为苗族聚落的民间头人代表，总理全村寨事务，既是这种特殊政治权威的维护者和执行者，又是苗族这种特殊治理方式的传承者。

在国家行政力量还未进驻麻料之前，村里发生纠纷需要调解时，都由寨老、理老、方老来主持，寨老、理老和方老都是由鼓社领导或者鼓社统一行动的，不少地方的寨老、理老、方老又是鼓藏头。理老，苗语称（ghoe jax ghet Iil），汉译为"理娄"②，由村寨内精通各种古理古规，能讲会说，办事公正的人担任，有的由鼓藏头直接担任，有的是有一技之长的人，多为自然形成。"理老"主要在村民大会上，根据古理古规，引经

---

① 雷山县志编纂委员会：《雷山县志》，贵阳：贵州民族出版社，1992年，第109页。

② 雷山县志编纂委员会：《雷山县志》，贵阳：贵州民族出版社，1992年，第109页。

据典地对违背乡规民约和社会伦理道德的人和事进行"审判"，作出"裁决"，交寨老们执行。如有一方或者双方都不服的，则采用"神判"进行裁决。在调处村寨之间的矛盾和纠纷时，理老主要是引经据典来辩明是非，进而裁决。苗族的"方老""寨老"有如执法者，"理老"犹如法官。"理老""方老"和"寨老"不是绝对分开的，有时"方老""寨老"也是"理老"，兼行"理老"和"方老""寨老"之职责，相当于现在村民调解委员会主任的职能。

　　传统苗寨中务农是最重要的经济事项，农业生产由"活路头"负责指导，活路头决定"开秧门"的时间，要等"活路头"家先"开秧门"，其他村民才可以"开秧门"，之后的"吃新节"也是由"活路头"定时间。"鼓藏头"主要负责主持活动和祭祀，如"苗年"要由鼓藏头的女儿们先跳芦笙，其他人才能跟着跳。"榔头"主要作用是在"议榔"的时候对犯错的人进行处罚，相当于庭警。"寨老""方老""理老"虽然管辖区域大小不同，但职能相似，负责统筹各自管辖区域内的各项事务。苗寨有大事讨论时，他们负责集中村民，同时也负责通知的下达以及纠纷处理等。在"寨老制"下各个组成成员之间相互分工协作，共同维护苗寨的安全与利益。

　　在西江苗寨历史发展过程中，"寨老制"是维护社区治安秩序、农业生产及协调婚姻家庭纠纷等的权力保障。西江苗寨在历史上长期属于"化外"之地，中央政权很难对其产生影响，因此，苗寨各项事务的管理几乎完全依靠带有中国乡村传统宗族性质的"寨老制"。[①] 这也决定了"寨老制"是一种教化的权力，主要依靠村民们对民族传统惯例的遵循，从而产生权威。旅游开发后，村民的生活观念、生产方式发生改变，传统民族文化中的一些互帮互助、睦邻友好的观念在淡化，人们更加注重经济利益化，村民重利的观念使得苗寨经济纠纷不断，很多传统节日增加了浓重的商业化气息，寨老制的作用和权威在逐渐下降。

---

　　① 袁志丽：《浅谈近代苗族的社会组织及其职能特点》，黑龙江民族丛刊（双月刊），2016年第2期。

三、议榔

议榔，苗语称"构榔"。构是议定的意思，榔是公约的意思。对于议榔，也有两种情况：一种是议榔就在一个村寨、一个鼓社范围之内，另一种议榔比一个村寨、一个鼓社要高，是同一居住区、同一民族、同一服饰的几个甚至几十个村寨共同的组成机构。

"榔"内有"榔头""理老"和"祭师"三类首领人物，"榔头"苗族称"虎榔"，主要职责是召开全"榔"成员大会，议榔和修订修改榔规榔款，处置违背榔规榔款的人和事，对外宣战等，一般选举那些威信高、能力强、敢作敢为、办事公正的人担任。"理老"一般都是自然形成的或者传承的，条件是熟悉各种榔规榔款，为人公正，能言善辩，主要职责是根据榔规榔款和各种古理古规审判违背榔规榔款的人和事，调解各种矛盾和纠纷，也相当于上面所提到的寨老，他们之间的职能是相类似的。寨老也可以是理老，理老也可以是寨老。祭师，一般是自然形成的，主要职责是主持"榔"内的祭祀活动和"神判"等活动，其职能也跟鼓藏头的职能是一样的，但是鼓藏头不是祭师。

在"榔"内部的各宗族之间或"榔"与"榔"之间发生了纠纷或违约之事要由"理老"评判。评判时，有首领或群众参加。对一些是非难以弄清、证据不易取得的纠纷和违约案件，要靠"神判"来解决。

"榔"的最高权力机构是"议榔"大会。"议榔"大会是西江苗族民间权威的象征与代表，也是西江苗寨各类事物的最大决策机构。"议榔"，主要任务是讨论榔内重大问题，制定、修改、补充榔规榔款，选举执事首领，通过祭祀形式，使议定的现约变为神灵的意志，用"神"的力量来进行社会管理。"议榔"时将"议榔"大会议定的规约用各种符号刻在岩石上或石碑上，栽埋在人流多的公共区域，或书写在木牌上，与牛角一起钉挂在路旁的大树上，类似于布告通知。同时户与户之间议定的山林界限在不明显地段的，也通过栽立数个岩石确定界限由双方共同遵守。"榔规民约"涉及的内容十分广泛，涵盖伦理道德、风俗习惯、生产治安、经济利益、男女社交、婚姻缔结、财产保护等方面。"议榔"大会所议定的"榔规民约"部分内容① 如下：

一、社会治安

1.全村及居住在本辖区的人员，要讲文明、讲礼貌，遵守国家法律法规和本村规民约，共同维护社会治安，创建和谐西江。

2.凡入宅盗窃的：白天，除赔偿损失外，赃物归还原主，罚款500元；晚上，除赔偿损失外，赃物归还原主，罚款1000元。

3.盗窃耕牛的：不论大小，除赔偿损失外，赃物归还原主，罚款300-500元；盗窃果类的，除赔偿损失外，赃物归还原主，白天罚款30-50元，晚上罚款50-100元。

4.严禁在白河流城、支流炸鱼，违者每次罚1000元，电捕鱼每次罚款300-500元，并没收电具；毒鱼闹鱼每次罚款500-1000元，偷摸田鱼、罩鱼的，每天罚款50-100元，晚上罚款每次100-200元，除赔偿损失外，赃物归还原主，开田偷鱼的，每天罚300- 500元，晚上500-1000元，除赔偿损失外，赃物归还原主。情节严重者交相关部门处理。

5.严禁无证砍伐，违者每株罚50元，情节严重的交林业部门处理。

6.盗伐松木每株罚15元；经济林木每株罚20-50元。进入他人山林偷砍柴的，每挑罚款20-50元；偷菜、瓜、豆、茄子等蔬菜的每次罚40-100元，赃物归还原主，偷稻草每幅罚款5元。

7.故意毒死、破坏和砍伐本村内风景树（保寨树的罚款500元）。

8.凡在西江村境内或民族节日期间及景区内发生酗酒闹事、打架斗殴、侵害妇女、儿童身心健康行为，造成不良影响的，按照乡规民约条律处罚"四个一百二"：一百二十斤米酒、一百二十斤糯米、一百二十斤猪肉、一百二十斤蔬菜。

9.凡在本辖区由提供黄、赌、毒场所或聚众赌博的，处罚200元以上罚款，造成严重后果的移交公安机关处理。

---

① 曾钰诚、杨帆:《弱化的权威：乡村社会纠纷化解往何处去?》，广西民族研究，2018年第5期。

10.要搞好家庭、邻里团结，互相尊重，尊老爱幼，凡因家庭琐事或邻里产生纠纷造成不良影响的，予以口头警告或处罚"四个一百二"。

11.未成年人犯以上民约的，由其监护人承担责任。

12.本约各条，凡举报者奖励罚金的50%。

二、防火安全

……

6.因用火用电不当，在本辖区内发生火灾的，按"四个一百二"处罚，并进行扫寨仪式，罚鸣锣喊寨一年，所造成的损失上报上级部门处理。

7.在本村耕作区内发生山火的，过火面积每亩罚款500-1000元，并清点林木，赔偿损失。杉木按每株围径每厘米罚0.2元，松木每株围径每厘米罚0.1元；经济林木每株罚10-30元。

"榔规民约"，类似于非少数民族地区基层社会的"村规民约"。"议榔"大会议定的榔规民约，一经全榔成员大会通过，就形成了不成文的法律条款，上至"榔头"，下至群众，人人都要遵守。

在"议榔"中，有时毗邻的几个"榔"为了抵抗外来侵略，或为了达到某种共同的利益和目的而举行几个"榔"全体成员的联席大会，称为"合榔"。"合榔"后，议定的"榔规"款约能约束所有的"榔"成员。"大榔"的首领经全体成员推荐或由各"榔"的首领们推举，"理老""祭司"等由各"榔"的"理老"祭师们担任。

苗族民间组织，是在一定区域内，为维护本民族的利益而结成的一种组织。主要由本村寨中一些有声望和一定政治经济力量的人组成，在苗族社会生活中，他们是苗族社会组织体系和维系社会秩序、巩固统治地位的重要支柱，是苗族社会政治文化经济活动中不可或缺的一部分。

苗族村寨内各户之间没有明显的地理界限，村民之间、各个家庭之间都有紧密的联系，这为村民们开展各种活动提供了便利。鼓社制、寨老制、议榔这些传统苗族民间组织在村寨中扮演着"润滑剂"或"缓冲带"的角色，这些苗族民间组织为维持村寨秩序提供了保障和支持，也给村民们提供了一定程度的自治机会，同时也为村民提供了参与村寨公共事务的机会。苗族民间组织处于"半熟人社会"中,"半熟人社会"是一种有别于"正式社会关系"的自然社会关系,具有较强的自发性、随意性和封闭性。三个民间组织由各村民群体组成,组织之间相互依存、相互联系但又相对独立,这是苗族村寨内治理方式的一个显著特征。在乡村治理中,虽然民间组织在一定程度上发挥了一定作用,但其所提供的公共服务水平有限。比如雷山县将村级事务管理纳入县人民政府行政管理范围,并且实行以村民自治为核心内容的基层民主政治建设工作,但同时,由于缺乏必要的法律保障,当地村级自治组织缺乏足够的自治能力和法治意识。

伴随着国家治理能力的不断提升,苗族民间组织在推动国家发展和社会治理中起到了不可替代的作用。国家要加强对民间组织的管理与引导,积极推动我国乡村民间组织的健康发展。民间组织在乡村治理中发挥的独特作用,是实现乡村社会和谐稳定必不可少的重要力量。随着我国经济社会不断发展,我国政府将进一步完善国家政策体系,加强对各类乡村民间组织的管理和引导力度,提高其服务乡村、服务民众的能力,发挥好民间组织在乡村治理中的作用。

第十章　乡村治理与乡村振兴

一、乡村治理

乡村振兴战略是习近平总书记于2017年10月18日在党的十九大报告中提出的战略。十九大报告指出，农业农村农民问题是关系国计民生的根本性问题，必须始终把解决好"三农"问题作为全党工作的重中之重，实施乡村振兴战略。同时在十九大报告中也提出乡村振兴道路之一是"必须创新乡村治理体系，走乡村善治之路"。乡村振兴战略的有效实施离不开乡村的管理机制。

雷山苗族地区曾经是"化外之地"，清雍正七年（1729年）置丹江厅，加理苗同知衔，为雷山设置之始。雍正十二年（1734年）三月，清政府对丹江厅苗寨界址进行清查，按寨大小酌定乡约、保正、甲长，另其管约稽查①。道光三年（1823年）清廷谕丹江（雷山）、八寨（丹寨）、荔波等厅、州、县境，勿使外人复入苗寨滋事。②丹江厅正是现在的雷山县，也正是那个时候基层组织进驻苗族地区。在此之前苗族地区都实行的是自治，主要自治方式有鼓藏头、寨老制、议榔（参见第九章）。

麻料村曾经是一个"空心村"，这源于当地银匠们多年来的"游走"生活，银匠们需要走乡串寨打制银饰，才能有经济收入养家糊口。自2017年村里的银饰协会在政府的扶持下创办了银饰公司，许多年轻的银匠看到了创业机会，纷纷回到村里，一时间村里开了13家银饰工坊，5家

---

① 雷山县县志编纂委员会编：《雷山县志》，贵阳：贵州人民出版社，1992年，第7页。

② 雷山县县志编纂委员会编：《雷山县志》，贵阳：贵州人民出版社，1992年，第9页。

农家乐。但好景不长，旅游资源的单一性与交通不便导致村里的游客数量有限，许多银匠再次离开家去到外面经营自己原来的生意，这使得麻料在乡村振兴的背景下再次沦为了"空心村"，村里人口过于分散，这无疑给当地的乡村治理带来一定的难度。结合麻料的特点，只有将苗族地区的自治和国家的法治、德治相结合，才能使麻料的发展呈现良好态势。

（一）村委会

麻料村现有中共党员31名，其中男性25名，女性6名，3名大专学历。历届的村支书分别为黄GP、李SL和李YC，历届村长分别为李SL、李YC、潘GF。麻料的村委会作为基层群众性自治组织，其领导成员由村民选举产生，村民自治体现在：如县政府把路灯分发下来，要求村内修建街道照明设施，这时候就由村委会作为会议发起人，召集群众自愿参与议事，民众共同商议路灯安装事宜。

麻料村村委办公楼还设有以下机构：麻料村计划生育服务室、麻料村便民服务站、麻料村关心下一代工作站、麻料村群众工作站、麻料村应急指挥中心、麻料村红白理事会、麻料村治保委员会、麻料村人民调解委员

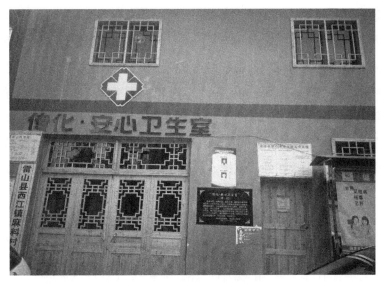

图 10-1　麻料村卫生室

会、麻料村妇女联合会、麻料村脱贫攻坚指挥所（见图10-2）。从所设立的机构中，我们似乎看到村组织已经进行了创新治理，比如应时代和政策而产生的红白理事会、脱贫攻坚指挥所等机构，但通过笔者在村内的走访观察，发现有些机构只是形同虚设，如麻料村计划生育服务室（见图10-1）。笔者在麻料做田野调查期间，计划生育服务室一直是大门紧闭，向村民[①] 打听才知道，原来有两个年轻的医生在这里上班，后因为工资太低，且非正式编制，两个医生都辞职回家考公务员了，服务室一直在招人也未招到，村民如果得了头疼脑热一些小病，只能跑到附近的开觉村卫生所。另外，在麻料村的乡村治理中出现了"碎片化""多极化"的现状。所谓的"碎片化"就是指一个有机统一的治理系统被分割为若干个局部，各个局部自成一体，独立运作，彼此之间又有交叉，但缺乏协调与整合的治理状态。[②] 一些机构的职能重复、叠加，比如麻料村便民服务站和麻料村群众工作站，都是服务于民众的机构，但村民很难对两个机构各自的职能进行区分，一旦村民遇到问题寻求帮助，就会出现由于分工不明确而降低乡村治理的有效性，这也是目前在乡村治理中产生的普遍现状。

前面说到，由于当地旅游资源的单一性与交通不便导致村里的游客数量有限，银匠们纷纷跑到外面做生意或打工，导致"空心村"的再次出现。农村大量劳动力流失，导致在乡村治理过程中劳动力的缺失，如村里让各家出劳动力修建照明设施，基本上各家都是留守老人，这给治理工作带来一定的难度。另外一方面，年青人大量外流所带来的直接后果就是导致乡土文化的衰落，比如在以前"苗年"是麻料的传统节日，过"苗年"的时间在农历十月的卯日，麻料村的李ZZ老人说，苗年节之所以越来越冷清，是因为年青人都在外面工作，请不了假回来过年，没有人过年就没意思了，所以渐渐就不怎么过了，由此我们也可以看出，生产生活方式的变迁，对于乡土文化的传承产生了极大影响。

由于乡村社会是一个熟人社会，村干部在进行乡村治理时，经常会出

---

① 笔者询问DX农家乐李SH老板得知，后通过村委会李YC等工作人员佐证。

② 丁静：《乡村振兴视域下的乡村治理问题研究》，延边党校学报，2020年第3期。

图 10-2 村委会下设的机构

现由于对自己所扮演的角色认识不清而造成的失位、错位现象。村委会全称为村民自治委员会，它的根本宗旨是为村民服务。但是基层干部的"官本位"现象严重，工作的重心几乎都围着上传下达政策、量化考评各项指标来开展，忽略了乡村治理中"以人为本"的思想理念，[①] 在村民遇到要解决的实际问题，如土地维权、婚丧嫁娶、贫困户甄选等方面时缺乏合理有效的协商机制，从而不利于乡村治理工作的开展。麻料村村委在乡村治理过程中有其特点，即将某些权力让渡给民间组织中的寨老，尽管传统社会的寨老制已经消失，但在村里如遇到矛盾、纠纷，村委会还是会请村里的寨老来一起协商解决，这也是法治和当地自治相结合的一个体现。

（二）驻村工作队

驻村工作队又称为扶贫工作组，它是在脱贫攻坚的政策背景下产生的临时性的工作组。扶贫工作组于2016年进驻麻料村开展扶贫工作。在产业扶贫上，主要扶持种植业、养殖业、服务业、乡村旅游业，因户施

---

① 丁静：《乡村振兴视域下的乡村治理问题研究》，延边党校学报，2020年第3期。

策、村集体经济量化入股、加入合作社。在就业扶贫上，引导村民乡外务工及乡内务工。增加公益岗位，像护林员、保洁员、护路员等岗位。在教育扶贫上，有子女读中小学的，享受营养餐；大学生享受"雨露计划"教育补贴，扶贫专项补助，助学贷款；没有读书的，免费享受务工培训。在健康扶贫上，村民参加医疗保险、大病保险、接受医疗救助、接受大病救助、接受家庭医生签约服务等。生活方面，享受农村低保、养老保险、危房改造、入户道路改造、卫生间改造以及解决饮水安全工程等。除此之外，扶贫工作既在生活物资上给予扶贫，在精神层次上也给予支持。[1]

表10-2 麻料村脱贫攻坚责任链示意图[2]

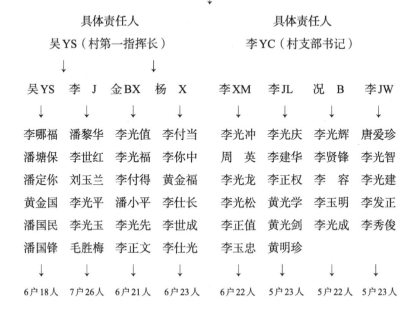

责任人

郭JQ（西江战区指挥长）

责任单位：雷山文化旅游产业园区管理委员会

↓

具体责任人				具体责任人			
吴YS（村第一指挥长）				李YC（村支部书记）			
↓		↓					
吴YS	李J	金BX	杨X	李XM	李JL	况B	李JW
↓	↓	↓	↓	↓	↓	↓	↓
李哪福	潘黎华	李光值	李付当	李光冲	李光庆	李光辉	唐爱珍
潘塘保	李世红	李光福	李你中	周英	李建华	李贤锋	李光智
潘定你	刘玉兰	李付得	黄金福	李光龙	李正权	李容	李光建
黄金国	李光平	潘小平	李仕长	李光松	黄光学	李玉明	李发正
潘国民	李光玉	李光先	李世成	李正值	黄光剑	李光成	李秀俊
潘国锋	毛胜梅	李正文	李仕光	李玉忠	黄明珍		
↓	↓	↓	↓	↓	↓	↓	↓
6户18人	7户26人	6户21人	6户23人	6户22人	5户23人	5户22人	5户23人

---

① 访谈对象：李J，男，38岁；访谈时间：2019年6月6日；访谈地点：麻料村村委会。

② 资料由麻料村村委会提供。

麻料村驻村干部对扶贫工作作了如下分工①：

分为五个组：一、综合协调组，组长：吴YS，麻料村第一指挥长。二、宣传工作组，组长：李YC。三、信息核查组，组长：吴YS。四、项目工作组，组长：李J。五、综合督查组，组长：吴YS。

吴YS（雷山县广播电视台台长、麻料村脱贫攻坚指挥所第一指挥长）：主持麻料村脱贫攻坚指挥所日常工作，主要负责综合督查、作风建设、干部管理。

李J（西江镇党委委员、组织委员、麻料村脱贫攻坚指挥所指挥长）：主要负责麻料村脱贫攻坚指挥所日常业务工作审核把关，负责基层组织建设、基础设施建设协调，负责包保第一网格。

李YC（麻料村党支部书记）：主要负责麻料村党支部日常工作，负责包保第二网格。

潘GF（麻料村村民委员会主任）：主要负责麻料村村民委员会日常工作，负责包保第一网格。

黄GJ（麻料村会计）：主要负责协助李YC、潘GF抓好麻料村日常工作，负责包保第四网格。

李XJ（麻料村监委代理主任）：主要负责麻料村村务监督委员会日常工作，负责包保第三网格。

金BX（雷山县广播电视台副台长、麻料村脱贫攻坚指挥所网格员）：主要负责综治维稳、安全生产、农业农村、易地扶贫搬迁、安全住房保障，负责对接综治办、安监办、农村工作局、易地扶贫搬迁办、危改办，负责包保第三网格。

杨X（雷山县广播电视台办公室主任、麻料村脱贫攻坚指挥所网格员）：主要负责办公室日常工作、后勤保障、档案管理、社会事务、医疗保障，负责对接党政办、民政办、合医办，负责包保第二网格。

杨F（雷山县广播电视台工作人员、麻料村脱贫攻坚指挥所网格员）：主要负责宣传、农村清洁风暴、教育保障、养老保险、就业培训，负责对

---

① 资料由麻料村村委会提供。

接文旅局、教育办、人社中心，负责包保第四网格。

另外，驻村工作队还制定了脱贫攻坚指挥所考勤管理制度，选派驻村开展脱贫攻坚工作的结对帮扶干部，每周一至周五在村脱贫攻坚指挥所指挥下开展脱贫攻坚工作，每周六到结对帮扶对象所在的村做好结对帮扶工作。严格执行请销假制度，所有人员请假纳入年终考核。

通过走访调查，麻料村的村民按照国家标准已经全部脱贫。对贫困户的识别分七步法：农户申请 — 村级初审并入户调查 — 村民代表大会评议并公示 — 乡镇核查并公示 — 县级审核并公告后批复 — 签字确认 — 录入系统。麻料村一共有46家贫困户，2018年有23户90人脱贫，其中有16户是属于发展生产和就业脱贫，有4户属于发展生产和易地搬迁脱贫，1户是发展教育脱贫，1户是生态保护脱贫，1户是发展产业和就业脱贫。2018年出现了1户4人返贫现象（因病）。[①]

麻料村银匠世家流传着一句话：十万不算富，百万算小富，千万才算富。据驻村工作组资料记载，2018年5月初以来，麻料村共接待游客8000余人次，旅游综合收入90余万元。2014-2017年脱贫18户74人，2018年脱贫23户90人，2018年底还有未脱贫户6户18人，贫困发生率为241%。截至2019年，麻料全村一共180多户，年收入超过百万元的银饰制作家庭已超过了50户，村民人均收入位列西江镇村寨前列。[②]

（三）民间社会治理

苗族的自治方式主要是鼓藏头和寨老制，现在鼓社制和寨老制已经逐渐淡出人们的视线。在清雍正以前，社会没有更好的政治制度和完善的成文法，人们只有通过品德高尚、为人正直的人来治理社会。[③] 马克思·韦伯将权力分为了传统权威、感召权威、科层制度。寨老就属于韦伯所说的感召权威，即通过个人魅力吸引跟随者。当村里某一位老人德高望重、为

① 资料由麻料村委会提供。

② 访谈对象：李J，男，38岁；访谈时间：2019年6月6日；访谈地点：麻料村村委会。

③ 曾钰诚、杨帆：《弱化的权威：乡村社会纠纷化解往何处去?》，广西民族研究，2018年第5期。

人正直，找他解决事情的人就会越来越多，社会地位也就自然上升，最后变成村民心目中公认的寨老。韦伯还指出感召权威往往出现于未制度化的情境中，一旦制度化，他将转为另外两种权威。在麻料村寨老制作用的弱化虽然没有完全消失，但是它也没有完全向其他两种制度转换，而是转向了民主制。科层制度在村民自治委员会中没有完全体现出来，而对于传统权威也没有得到强化。在国家强大的政策干预下，也会影响到其发展的进程。而对于鼓藏头来说，它是与节日和社会荣誉联系在一起的，只要民族节日还存在，鼓藏头在社会还是存在一定的影响力。访谈中一些老人说如果选举鼓藏头的人能力很强，对于前面所说到的选举条件也是可以适当放宽的。社会的发展是结构的过程，个体组成了社会，社会制度又制约个体，个体具有主观能动性突破社会制度，从而推动社会的发展。从鼓藏头的严格选举，到后来的看个人能力，所体现的就是人们的主观能动性。社会的形成是人们不断用各种制度来构成的，为了适应生存人们也会去拆解这些制度。选举的开始转变也在预示着，能力在社会中的地位越来越重要。选举鼓藏头的条件除了三世同堂以外，还要经济富裕有能力，家庭富裕才能招待那些来本村过节的外村人，这种招待一方面给予外村人一种礼节上的尊重，同时也向人们展现了本村的富足和美满。马克思·韦伯的三位一体分层模式提出：财富 —— 经济标准；权力 —— 政治标准；声望 —— 社会标准，① 鼓藏头的选举也是基于这样的模式。

（四）村规民约

村民自治是民间社会治理中重要的组成部分之一，而村规民约则是实现村民自治的主要方式之一。在传统苗族社会中，村规民约因血缘或地缘关系而对某一社区村民的行为起着约束作用。基层组织进驻苗寨后，村规民约在内容和形式上发生了流变，从麻料村的村规民约可以看出，当地的村规民约不仅具有传统习惯法的特征，而且还兼具国家法律的原则和精神。比如近年来麻料村滥办酒席之风盛行，高价彩礼、争当贫困户等现象屡禁不止，为此，村委会在寨门口特立下村规民约，内容如下：

① 郑杭生：《社会学概论新修（精编本）》，北京：中国人民大学出版社，2015年，第211页。

一、文明办酒

（一）办理范围

1.结婚酒。结婚酒席操办须是本人或其子女初婚，不能以任何借口或理由为他人操办结婚酒席；复婚不准操办酒席；再婚除初婚方可操办酒席外，另一方不得操办。

2.丧事酒。丧事酒席操办须是本人的配偶、父母岳父母由本人赡养的岳父母、子女或由本人多年直接负责赡养的孤寡亲人的丧事。

3.除结婚酒、丧事酒以外的其他一切酒席一律不得办理。

（二）酒席申办

凡本村范围内符合操办酒席条件需要办酒的，一律按照"本人申报、村民小组长签字、村委会主任审批、村务监督委员会监督"程序，到村委会申报办理，办理酒席不得超过20桌（10人一桌），未经申报审批操办的，一律视为违规酒席，按违规办酒相关规定处理。

（三）礼金规定

1.倡导红白喜事简办，不向没有亲属关系的人员发请帖，有自愿祝贺随礼的礼金标准不超过100元。

2.抵制高价彩礼：倡导文明新风，不要或少要彩礼，彩礼不得高于三万元。倡导适度办婚礼、节俭过日子，摒弃搞攀比、讲排场的不良风气，自觉抵制高额彩礼攀比、鞭炮滥放污染环境，大办宴席铺张浪费，力戒恶俗闹婚，力求婚礼仪式简朴、氛围温馨。

（四）违规处理

1.对违规操办酒席、超标准收取礼金、索要高价彩礼的，责令退回礼金、彩礼，并处违约金3000元。

2.凡违反以上村规民约，一经查实，村委会取消该户五年内国家给予该户的系列政策性补贴，并对该户停止办理有关手续（子女的贫困补助金和助学贷款等；子女在校入党，学校毕业后参军参加事业单位和公务员招考等，村支部、村委会将根据该户不遵守村规民约的具体表现，据实出具有关政审材料和相关证明）。

3.本村村干部组长、村民代表中共党员、人大代表政协委员等，要带头执行村规民约，如有违反，同等条件下加重处罚，属于纪检监察对象的，上报纪检监察部门按程序处理。

二、勤劳致富

树立"劳动致富光荣，好吃懒做可耻"的荣辱观，学习"不甘落后、不等不靠、自力更生"的精神，扶贫不扶懒，凡是好吃懒做、有地不耕、有事不做、有者不养，村委会将不给予受评选低保、救济等政策和生产扶持。凡是弃耕抛荒耕地，又不愿意土地流转的，一律取消种粮直补。

本村规民约由麻料村村"两委"（村移风易俗工作领导小组）负责解释。自麻料村全体村民大会讨论通过之日起施行。

图 10-3　张贴于麻料村口宣传栏内的村规民约

村规民约是由村民根据本村情况所提出的治理方案，村规民约是村民自己管理自己的一种方式，是经村民代表大会商议而制定的规章制度。在与村委会工作人员及村民的访谈①中笔者发现，当地还未出现需要依靠国

————————————

① 由于访谈人没有特定对象，访谈时间也较分散，材料为笔者根据访谈笔记进行的整理，故在此对访谈基本信息不再作交代。

家法律来解决的纠纷，在村庄里村民几乎都是通过村规民约来约束自己的行为。说到乡村治理，村委的负责人普遍认为麻料村依法治村中的"法"并非国家层面上的法律制度，而是村民共同商议的村规民约，村规民约内容的制定以国家法律为标准，是麻料村村委进行乡村治理的依据之一。乡土社会都属于机械团结，也就是以血缘关系和亲属关系组成的共同体。人与人之间主要通过"人情关系"产生互动，在人情的作用下，每个人都有自己独立的一张关系网，网中有家族血亲，有人情世故，个人与个人的关系网相互交织、错综复杂，因此乡土社会的治理必须依靠法治与人治相结合的方式来进行。前面提到，曾经村里有三个小孩砍了古树，村里人按照村规民约来处理，实则在村规民约中也会有一些人性化的处理，比如三个砍古树的小孩，按照村规民约的规定需要三家各罚"三个一百二"，通过衡量对方的家庭条件来灵活变通，不能加重村民的负担，于是三家共罚"三个一百二"。村规民约不在于罚多少，惩罚只是一种手段，而在于治理，让他们知道什么可以做，什么不能做，如果规约成为村民的一种负担就没有存在的必要。法律由国家所授权的机关制定并实施，它的作用在于维持社会秩序，规约人的行为，但是在以血缘和地缘为纽带结成的乡土"熟人"社会中，则需要在"法治"的前提下，灵活地运用"人治"策略。

如果与村寨外的人发生纠纷，超出了村规民约所管辖的范围，那么就只能用法律来解决。比如麻料村民曾告诉笔者这样一个案例：邻村控拜村曾经向贵州省非遗中心申请"中国银匠村"这一称号，拍摄了很多麻料村的图片作为自己村的材料上报。麻料对此不服，就告了控拜。相关部门来到控拜和麻料进行调查，觉得麻料在非遗这方面做得更好，最终决定将"中国银匠村"的称号授予麻料村。此后麻料村便打造了一块刻有"中国银匠村"的石头，摆放在麻料村和控拜村交叉路口的道路旁。控拜村以麻料的石头占用了控拜的土地为由，扬言要砸了这块石头。麻料就上告有关部门，当时公安局派了20多个干警，守着这块石头。控拜村当时的村支书极力阻止此事，并对闹事村民说："谁砸了石头，谁就得去坐牢。"后来，有关部门为了安抚控拜村，平息此纷争，就批准了控拜村"中国银饰艺术之乡"的称号①。由于该事件的陈述人均来自麻料村，笔者在结束田野调查前未听到控拜村民对此事的描述，故笔者对此事件不置可否，且目前两村已恢复交往，互相通婚。笔者仅以此事件作为乡村社会治理的分析文本。

在乡村社会进行法律实践时，日常权利技术的运用是不可或缺的，诸如摆事实、讲道理、一拉一打、说服诱导、利用人情面子等等。法律关系的展开不仅在运用法律武器，而且也在运用人情和道理。也就是说，在具体场景中的法律运作，恰恰是情、理和法紧密地结合在一起的，就像端茶敬酒、寒暄聊天和法律程序有机结合在一起，法律强制的一面和乡村社会温情脉脉的一面结合在一起一样。正是由于国家的法律在实际运作中运用了乡村社会固有的习惯、规矩、礼仪、人情面子机制和摆事实讲道理这样的日常权力技术，法律才获得了乡村社会的认可，才在有意无意之间渗透到了乡村社会之中。

二、乡村振兴

党的十九大报告提出"坚决打赢脱贫攻坚战"和"实施乡村振兴战略"，发展少数民族特色村寨旅游，有利于促进贫困地区一二三产业融合发展，加快农业农村现代化，助推精准扶贫和乡村振兴战略的实施。在这一背景下，麻料村以传统村落和银饰加工为基础进行旅游开发。

（一）经济振兴

依托于苏州工艺美术职业技术学院与贵州省文化厅合作共建的"传统工艺贵州工作站"，该工作站重点开班培训传统工艺传承人②，麻料村银匠潘SX等被推荐参加了2017年度的培训。通过一个月的培训学习，潘SX等一批年轻的手工艺人回村守艺，抱团发展，通过振兴传统工艺，促进乡

---

① 材料由麻料村民、村委会工作人员口述，后经笔者整理所得。笔者就这一纠纷也去控拜村做过访谈，两村村民对事件的主要情节所述无差。目前两村村民仅把该事件当成一桩故事来谈论。

② 材料由麻料村村委会提供。

村振兴。

1. 麻料村银绣旅游开发有限公司

麻料村银绣旅游开发有限公司是一家主要以经营银饰和刺绣产品销售的旅游文化经济发展公司，成立于2018年1月15日，注册资金100万元，员工60多名，以村集体经济模式经营，公司有140个股东，其中包括47户精准扶贫户，全村扶贫户覆盖率达100%。

公司的主旨是发展乡村旅游经济，推动农村精准扶贫户脱贫，推动全村经济发展。主要通过电子商务和麻料村实体店向社会各地销售手工银饰产品。目的也在于培养和发展下一代民族银饰制作和刺绣技艺民族文化的传承人，将银绣业打造成带动当地旅游经济文化发展的龙头行业。

公司由多名在省内声誉可嘉的实体店店主与麻料银匠村全体村民合办。目前公司有七十余名经验丰富的老银匠，设有银饰体验馆和刺绣免费培训班，银饰体验馆里有银匠会指导游客亲手制作银饰，通过学习和体验苗族银饰技艺这个特色项目，游客有了大幅增长，2018年5月以来，麻料村共接待游客8000余人次。随着银饰销售额的增加，村民经济收入也有了大幅增长，2018年麻料村旅游综合收入90余万元。

麻料村的旅游产业开发主要依托于本村的传统村落自然风光、银饰博物馆、银饰锻造项目体验、银饰饰品等物质和非物质的项目资源。通过游客来到当地购买银饰，在农家乐吃饭、住宿等方式实现村民的经济增长。

麻料村的农家乐都是由本村人开办，还未有外地人进驻本村做生意。目前村里共有5家农家乐（客栈），以麻料村寨门为一个分界点，YJG客栈和JY农家客栈位于寨门外边，其他三家的位置在寨门里边。一般农家乐会开在自家住的房子里，有些会在房屋的一楼开银饰工坊，房子较宽敞的就在楼上开农家乐，农家乐负责接待游客的住宿及饮食，比如李YC的YJG客栈和李SH的DX农家乐，都是兼营银饰加工和农家乐。李SW是李SH的弟弟，李SW的SW农家乐距李SH的DX农家乐仅50米，SW农家乐有上下三层，一楼为餐厅，楼上两层为住宿。由于做田野调查期间，YJG客栈、SW农家乐、YQ农家乐和JY农家客栈都在装修中，因此游客来到麻料，几乎都由李SH的DX农家乐接待。李SH也是麻料村有名的银匠，曾多次外出参加培训和比赛，DX农家乐一楼的银饰工坊里陈列的都是李SH银匠打制的银饰品。

麻料村的银饰工坊是在旅游开发的背景下应运而生的，村民家家户户都会自己打制银饰品，几乎不会在银饰工坊里购买银饰。因此，如若村里没有游客或游客很少，银饰工坊便成了摆设。麻料村的银饰加工坊一共有13家，实行线上线下自产自销，每一克大约售28元，重量最轻的饰品也在三克左右（前面第八章已详述）。

表10-1 麻料村农家乐一览表

序号	名称	持有人	成立时间	投入资金（万元）	接待能力		招牌菜	体验项目	备注
					食	宿			
1	YJG客栈	李YC	2016年6月	40	40人	20人	农家特色菜	银饰加工	
2	DX农家乐	李SH	2014年3月	5	50人	10人	农家特色菜	银饰加工	
3	SH农家乐	李SH	2018年6月	3	100人	11人	农家特色菜	唱酒歌	
4	YQ农家乐	黄LS	2018年7月	3	40人	10人	农家特色菜	高山流水	
5	JY农家客栈	黄CP	2018年7月	7	40人	16人	农家特色菜	农家生活	

随着旅游业的兴起和发展，麻料的旅游影响力也在不断扩大，借助于招龙节、鼓藏节等民族节日，前来旅游的游客人数呈直线上升，村里的年轻人瞄准商机，纷纷回到家乡创业，在一定程度上解决了村里留守儿童、留守老人等社会问题，如李SH的DX农家乐在暑假黄金期接连不断地接待省内外的游客，短短一个季度年收入从原来的两万余元增至八万余元，收入的增加使得李SH银匠安下心来在家乡搞农家乐，原来西江的银饰店

交给儿子管理。但是我们也可以看到，目前旅游发展所带来的经济效益大多集中在一些名气较大、硬件设施较为完备的农家乐，普通农家乐因吃住条件有限而缺乏一定的竞争力，随着旅游人数在旅游淡季的回落，普通村民通过在村里发展的旅游业而获得的收入少之又少，因此大多数的村民又开始外出打工或者在外面经营自己原先的银饰店，这也是造成目前麻料村留守老人数量剧增的原因之一。

2. 百匠银器农民专业合作社

百匠银器农民专业合作社按照"民办、民管、民受益"的原则，以服务社员、谋求全体社员的共同利益为宗旨，实行自主经营，民主管理，盈余返还。由87人发起，于2016年3月20日成立，成员出资总额为100万元，成员以实物每亩山地折价5000元，法定代表人是李YC。合作社业务范围是：（1）银器、刺绣制作加工销售。（2）引进新技术、新产品，开展技术培训、技术交流和咨询服务（参见表10-2）。

表10-2　贵州省农民合作社情况调查表（基础表）①

指标	单位	内容	备注
一、合作社名称	—	雷山县西江镇麻料村百匠银器农民专业合作社	
二、合作社地址	—	雷山县西江镇麻料村村委会办公楼	
三、合作社代码	—	93522634MA6DKUXK4U	
四、合作社成立日期	—	2016 — 3 — 30	
五、基本情况	—	—	
（一）成员情况			
合作社成员总数	户	是	180
合作社成员人员总数	人	是	746

① 材料由麻料村博物馆及村委会提供。

指标	单位	内容	备注
其中：贫困户成员数	户	是	46
贫困农户人员数	人	是	178
（二）合作社理事长情况	—	—	
1.文化程度			
（1）高中及以下	—	初中	
（2）大专及本科	—		
（3）硕士及以上	—		
2.是否属于返乡创业人员	—	否	
3.联系电话	—	13638082155	
（三）合作社分类情况	—	—	
1.按从事行业划分	—	—	
（1）种植业	—	否	
（2）林业	—	否	
（3）畜牧业	—	否	
（4）渔业	—	否	
（5）服务业	—	否	
其中：农机服务	—		
植保服务	—		
其他	—	是	制造业
2.按经营服务划分内容	—	—	
（1）产加销一体化服务	—	是	
（2）生产服务为主	—		
（3）购买服务为主	—		
（4）仓储服务为主	—		

续表

指标	单位	内容	备注
（5）运销服务为主	—		
（6）加工服务为主	—		
（7）其他	—		
（四）与合作社有关的其他情况	—	—	
1.是否建立党组织	—	否	
2.是否属于贫困村建立	—	否	
3.是否村社合一	—	是	
4.组织方式	—	—	
（1）龙头企业+合作社+农户	—		
（2）合作社+农户	—	是	
（3）行业协会+龙头企业+合作社+农户	—		
（4）其他	—		
5.龙头企业与合作社的主要方式	—		
（1）龙头企业直接创办合作社	—		
（2）龙头企业与合作社实行产销对接	—		
（3）龙头企业对合作社实行全方位服务	—		
（4）其他	—	是	
6.是否在500亩以上坝区	—	否	
7.“空壳村”情况	—	—	
（1）无农民成员实际参与	—	否	
（2）无实质性生产经营活动	—	否	
（3）因经营不善停止运行	—	否	

指标	单位	内容	备注
（4）涉嫌以合作社名义骗取套取国家财政奖补和项目扶持	—	否	
（5）群众举报的违法违规线索	—	否	
（6）从事非法金融活动	—	否	
六、生产经营服务情况	—	—	
（一）土地流转面积	亩	0	
（二）实有资产总额	万元	180	
其中：	万元	80	
（三）合作社盈余及分配情况	万元	—	
1.合作社经营收入	万元	14	
其中：固定资产总额	万元	0	
2.可分配盈余	万元		
其中：按股分红总额	万元	8.4	
（四）当年支付成员劳务报酬总额	万元	0	
（五）当年支付土地流转费总额	万元	0	
其中：当年支付给成员土地流转费总额	万元		
当年支付给非成员土地流转费总额	万元		
（六）劳动非成员农户数	户	0	
（七）培训成员数	人次	160	
（八）通过农产品质量认证情况	—	—	
1.通过绿色食品认证	—	否	
2.通过有机农产品认证	—	否	
通过农产品地理标志认证	—	否	

续表

指标	单位	内容	备注
（九）拥有注册商标	—	否	
七、财政金融支持情况	—	—	
1.近三年财政扶持资金	万元	158	
2.银行贷款情况	万元	0	
其中：贷款需求总额	万元		
当年银行贷款余额	万元		
八、主导产业情况	—	—	
（一）茶叶	—		
（二）食用菌	—		
（三）蔬菜	—		
（四）生态畜牧	—		
（五）石斛	—		
（六）水果	—		
（七）竹	—		
（八）中药材	—		
（九）刺梨	—		
（十）生态渔业	—		
（十一）油茶	—		
（十二）辣椒	—		
（十三）粮食	—		
（十四）其他	—	银器、刺绣制作加工销售、乡村旅游	

从村委会所提供的农民合作社情况调查表中可看出，百匠银器农民专

业合作社的性质属于村社合一，合作社成员总数180户，涉及成员746人，其中贫困户数46户，贫困农户人员178人。合作社成立的初衷是：（1）让土地集中，规模经营，提高生产效率；（2）主导农业产业一体化，统一技术标准，创造产品品牌，实现规模效益；（3）更容易获得政府补贴，可以带动更多的农户，从调查表中可以看到该合作社近三年获得政府财政扶持资金158万元。通过与村委会及村民的访谈，笔者了解到合作社的实际业务范围主要是银器、刺绣制作加工以及发展乡村旅游，没有组织进行农业产业化的一体化发展，而银器、刺绣制作加工销售以及发展乡村旅游，主要还是依托于旅游业的发展，前面我们已经提到，麻料村经历了"空心村"—"人气村"—"空心村"的曲折发展历程，事实上，基于旅游人次的减少，麻料村大多数中青年人都已外出经营自己的银饰店，或者在雷山县城以及大城市的银饰店打工，麻料村的留守老人也成为政策背景下一个新的社会问题，因此，经济不能脱离"市场"求发展，麻料村如何依托银饰手工业发展乡村旅游？在旅游发展中所凸显的问题如何找到其解决路径？这也是下文中我们要讨论的问题之一。

（二）文化振兴
1. 完善文化设施建设

党的十九大后，乡村振兴成为我国社会发展的重要战略任务，其中乡村文化振兴是实施振兴战略的重要内容。文化振兴是乡村振兴的灵魂，只有提高村民的文化内涵，树立文化振兴意识，才能从根本上实现乡村振兴战略。为了深化文化振兴战略，麻料村也进行了一些乡村文化基础设施建设，比如在村口打造"文化宣传栏"，村委会一楼建了"村图书室"（见图10-4），图书室大约有2000多册图书，涉及历史、哲学、文学、医学、卫生、农业科学、军事等多个种类，书架旁摆放着桌椅供浏览图书使用。"村图书室"的建立其初衷是服务于麻料的年青人，作为文化振兴的中坚力量，年青人更需要丰富自己的文化内涵，"村图书室"为乡村文化建设提供了良好的人文环境条件，但是文化又是一种"隐性"资源，在乡土观念的影响下，村民在文化振兴中往往缺乏一定的主观能动性。笔者在麻料做田野调查期间，发现"村图书室"经常大门紧闭，回到村里开银饰店的年青人也几乎不光顾图书室。可以看到的是，尽管通过扶贫政策的支持，村委会竭力建成了一个书籍种类较丰富，硬件设施较齐备的图书室，但现实是图书室的使用效果不尽人意。

图 10-4　村委会一楼的"村图书馆"一角

　　鉴于村里外出的年青人较多，我们无法在村里进行一个关于"村图书室知晓率"之类的问卷调查。通过对村民的走访调查，我们了解到90%以上的村民都知道村里建有图书室，而图书室使用率极低的原因在于：（1）迫于现实生活的压力，大部分村里人都忙着挣钱养家，根本无暇顾及丰富自身文化内涵；（2）缺乏乡村振兴战略的正确引导，村里自上而下都把乡村振兴的重心放在了经济振兴，如成立刺绣旅游开发有限公司、百匠银器农民专业合作社等举措，麻料村甚至一度成了附近村寨进行经济振兴的模范和典型，"文化"作为乡村振兴的根基，由于其"隐性"的特点而常常被忽略。（3）娱乐方式的多样化占据了年青人的空余时间。现在手机成了年青人接收外界讯息的主要工具，看电视基本上变成了老年人的休闲方式，年青人用手机可以看娱乐节目、视频直播，了解到更多的线上销售技巧。因此，年青人也很少有时间跑到图书室去静下心来读书。

"文化宣传栏""村图书室"作为乡村文化振兴中静态的推动力，显然在文化建设的过程中成效不足，这也暴露出当前乡村文化振兴模式的粗放。文化振兴应针对不同村落的具体情况，制定符合自身特点的文化建设体制，避免文化振兴流于形式。基于此，麻料村也逐渐探索出适合麻料自身发展的一套动态的文化振兴模式。2016年5月，传统工艺贵州工作站把麻料村设为"非遗扶贫"观测点，在当地开展调查研究，定期举办村民、工作坊、专家、非遗工作者对话座谈活动。从2017年开始，麻料村与凯里学院、黔东南职院、贵州师范大学、苏州工艺美院等多家高校建立了"村校合作"模式，高校为其提供智力与技术支持。[1] 如苏州工艺美院在2017年-2019年输送学生到村内学习手工银饰和刺绣制作，进行技能体验，共三期700余人次。而麻料村也积极派遣银饰匠人、传承人、从业者到凯里学院进行美术基础理论知识和民族文化产品经营理念等内容的培训。此外，应国家和政府乡村文化振兴发展的需求，黔东南职院也为麻料构建了一条特色文化产业链，一方面派专业教师、合作企业设计师深入麻料村开展银饰培训工作，提升银匠们的现代审美意识和创新能力，并鼓励专任教师与银匠结对合作，共同开展银饰抗氧化等项目研究工作。另一方面，派遣民族文化和艺术设计领域专业技术人员深入麻料村帮助挖掘建筑、遗址、上百年历史的苗族民居和银文化内涵，对麻料村村寨单体房屋、建筑及农家乐传统符号和元素进行提升设计等。这是基于特色文化发展的乡村文化振兴，特色文化产业链的打造也为当地的乡村文化振兴提供了载体。

2. 重塑良好的乡风秩序

乡村文化振兴不仅需要发挥政府的导向作用，通过政策引导，完善文化设施建设，构建文化产业链，激活乡村文化活力。在现代多元化的社会环境之下，还需要通过强化村规民约，重塑良好的乡村文化秩序，这也是

---

[1]　资料由麻料村村委会提供。

乡村文化振兴发展的内在需求。

在麻料村村口的宣传栏里设有乡风文明评比红黑榜，红黑榜下面是麻料村的乡风文明要求："防火安全、人人有责；讲究卫生、治乱除脏；规范酒席、文明操办；孝老爱亲、团结邻里；诚实守信、乐于助人；勤劳致富、脱贫光荣。"在笔者做田野调查期间看到村口红黑榜上张贴的是麻料村4月19日环境卫生检查情况，分别选出了6户卫生状况良好的家庭提出表扬，4户卫生状况较差的家庭要求整改。据脱贫攻坚指挥所的工作人员[①]介绍："现在乡风文明建设也是脱贫攻坚的重点工作，首先就是要把脏乱差的环境治理好，要对村民进行引导并督促其改正，特别是不爱卫生的少数家庭，不点名道姓的贴出来他们也不整改，红黑榜就是要有对比，做得不好的家庭看到做得好的才晓得自己差在哪里，自己着贴在黑榜上也觉得脸上无光，着上了黑榜的家庭我们也会派工作人员帮助他们把卫生搞好，其实我们的目的也是想增强村民爱卫生的意识，扶贫不仅要从经济上扶，还要从思想上让他们有所改变。卫生评比会半年搞一次，其他方面像助人为乐、团结邻里这些不好搞评比，一般有好人好事村委会也会在宣传栏贴出表扬信，邻居之间有哪样小矛盾也是由村委会派人（村长或者寨老）去调解，调解好后再讲一些邻居之间要和睦相处的话。"脱贫攻坚指挥所是在脱贫攻坚的政策背景下产生的临时性的工作组，他们的工作职责就是助力精准扶贫，其中包括对被扶贫对象的生活环境的治理，因此我们可以看到在乡风文明建设中，脱贫攻坚指挥所与村委会的工作重心各有侧重，这是由他们各自的工作性质决定的。近年来，在脱贫攻坚的政策扶持下，麻料村的村容村貌得到了极大的改善，以下为麻料村基础设施建设和旅游发展建设的项目列表：

---

① 访谈对象：杨F，男，32岁；访谈时间：2019年6月7日；访谈地点：麻料村村委会办公室。

表10-2　麻料村乡村旅游发展助推脱贫攻坚项目库[①]

序号	项目名称	建设性质	资金预算（万元）	备注
1	旅游停车场	新建	150	
2	芦笙场改造	改建	50	
3	旅游公厕3个	新建	150	
4	排污系统	改扩建	100	
5	村寨绿化	新建	30	
6	村庄风貌整治	新建	350	
7	稻田养鱼田园体验区	新建	50	
8	寨内导游标识系统建设	新建	30	
9	观景凉亭3个	新建	90	
10	观光步道1500m	新建	15	
11	游客接待中心	新建	200	
12	村寨灯光系统	新建	200	
13	招龙步道3km	新建	30	
合计			1445	

　　现在，麻料村乡间小路已全部硬化，房前屋后几乎看不到鸡鸭牛羊的粪便，即使养鸡的农户也是把鸡关在家里养，这让我们对原来脏乱差的农村印象有了巨大的颠覆。村里很少看到白色垃圾，村里也专门聘请了两名贫困户当清洁工，一方面通过发工资解决了贫困户的收入问题；另一方面也有专人负责村里的卫生打扫。清洁工每天早上7—8点左右会在村里清扫道路垃圾和清理垃圾箱里的垃圾，下午会再清理一次，以保证村里每日的干净整洁。村委会负责人会对村民进行不定期检查，并做好环境卫生的宣传工作，公共场所由清洁工负责，每天进行打扫，自家房前屋后由村民

① 资料由麻料村村委会提供。

自行包干。

图 10-5 村口附近的定点垃圾车

另外，村里也几乎没有偷盗、打架、斗殴等违法犯罪的案例，这也与村里家庭空巢化、老龄化比例较高有关。在进村后右侧道路路旁贴有公告：

"全民参与禁毒战争，积极举报涉毒活动线索。凡举报贩毒、吸毒、种毒、制毒等违法犯罪活动或线索、并经查实的，将根据所举报的不同类别，给予举报人500元到3000元不等的奖励，重大线索的奖金可达5万元。

举报电话：雷山县公安局110

举报信件邮址：雷山县公安局禁毒大队或雷山县禁毒委员办公室。"

虽然目前麻料还未发现有吸毒的现象，但很有必要就吸毒的危害对村民进行宣传和教育，并在举报后给予一定的奖励，这样更能发挥村民的主观能动性，有利于重塑麻料村良好的乡风秩序。

在麻料，对社区成员的控制除了通过设置一套明晰的奖惩体系来进行强制性规训之外，还需要对村民积极引导，让村民不断修正自己的行为，强化自身的内在控制。鼓藏头在村里就起着正向引导的作用，目前，村里由于招龙节、鼓藏节等民族节日的需要，鼓藏头的角色一直存在，对鼓藏头的选举要求极其严苛：父母双全，有儿有女，家庭富有，品德高尚，不和村人闹纠纷等。

据鼓藏头李GZ老人① 说："鼓藏头一讲来尼，家家都拥护。我们这点选鼓藏头不是一般，要是哪个来当鼓藏头他又要有仔有女，又是尼，家头又富裕。招龙节也好、鼓藏节也好，扛芦笙来家。是七天也好八天也好，堂屋装不到都放在楼上。天天都有人吃饭，记者来记者也来吃。那些远的亲戚，他来这点没得亲戚也来鼓藏头家。好多的球队啊，从远方来的球队、人客也是来鼓藏头家吃。就是呛个，当鼓藏头的就是吃也没心交喝也没心交勒。到跳芦笙的那港，起码都要有二三百斤的酒才招待得起那一年。"可以看出担任鼓藏头是需要付出巨大财力的，但仍有许多人乐此不疲，想要成为鼓藏头。应该说鼓藏头所进行的并不是无谓的钱财消耗，担任鼓藏头能为自己及家人争得一定的社会地位。比如跳芦笙的第一天，要先由鼓藏头家的女儿和儿子先在芦笙场上跳三圈，其他村民才能加入其中，否则，就犯了大忌。鼓藏头的儿子在参加各种节日时，也会扮演一个很重要的角色。要获得这一荣誉除了不能把握的上有老下有小以外，剩下的条件都是可以靠自己的努力能够达到的，比如累积财富，与人为善，没有违法犯罪等。《萨摩亚人的成年》② 一书中说到当某个青年被推为"玛泰"，那意味着他再也不能同原先的同伴自由而亲密的交往了，玛泰只能和玛泰交往。在此意义上，统治者在某种意义上也是奴隶，是他所统治的奴隶的"奴隶"。因为当一个统治者，就有作为一个统治者的一整套制度和意识，不那样他就做不好统治者或者不像统治者，简单来说，有权力就有相应的责任，两者如影随形。从这个意义上来说，鼓藏头作为一个在苗族社会拥有较高社会地位的角色，其本身就代表着一种荣耀，但要获得这

---

① 访谈对象：李GZ，男，76岁；访谈时间：2019年6月12日；访谈地点：李GZ老人家中。

② [美]玛格丽特·米德：《萨摩亚人的成的》，周晓虹等译，北京：商务印书馆，2008年，第53—54页。

图 10-6　村内安装的垃圾桶

种荣耀就需要克制住自身，而克制自己这一行为本身也就成了一种榜样，能够引导社会的正向发展。

第十一章　传统村落与旅游发展

　　"望得见山、看得见水、记得住乡愁"是习近平总书记于2013年12月在中央城镇化工作会议上明确提出的未来我国城镇化工作的指导思想。① 2012年，住房和城乡建设部、文化部、国家文物局第一次联合开展了全国第一次传统村落摸底调查，在各地初步评价推荐的基础上，最终公布了646个极具保护价值的传统村落名录，② 至今已有先后四批共计4157个村落被列入其中。麻料村于2013年8月被列入第二批中国传统村落名录。

　　通过银饰锻造技艺与传统村落保护相结合的方式进行旅游开发，这也是麻料村结合自身特点所进行的旅游产业创新。自2017年麻料由政府和村民筹资共建刺绣银饰公司后，麻料村以"银饰手工业"为主题的旅游资源开始向外推广，其中最具特色的旅游项目就是"银饰锻造技能体验馆"，这不仅有利于麻料村民族文化的宣传，以宣传促保护，又能够吸引在外做生意、打工的银匠们回村创业，解决发展动力不足、空心村情况严重这一系列传统村落保护中难以避免的问题。麻料村以振兴苗族银饰锻制技艺来改变贫困状况，实现乡村振兴，是传统工艺助力精准扶贫的典型案例，成了一种可推广的非遗扶贫模式。利用旅游这一优势以"新"带"旧"，将传统的文化注入新鲜的活力，既能够满足带动自身旅游的发展要求，又能够为传统村落带来新的生机与活力。但不可否认的是，麻料村的旅游开发

---

　　① 参见2013年12月12日至13日在北京举行的中央城镇化工作会议文件。

　　② 参见2012年住房和城乡建设部、文化部、国家文物局联合出台的《关于切实加强中国传统村落保护的指导意见》。

也存在着政府履职越位和缺位、公共基础设施建设不足、游客接待能力有待提升等问题。本章通过对麻料村在进行传统村落旅游建设和发展过程中存在的问题进行梳理，从而试图能够促进该地区民族文化、建筑特色、公共服务关系体系的进一步发展。

一、传统村落

中国传统村落，原名古村落，是指民国以前建村，保留了较大的历史沿革，即建筑环境、建筑风貌、村落选址未有大的变动，具有独特民俗民风，虽经历久远年代，但至今仍为人们服务的村落。传统村落是与物质和非物质文化遗产大不相同的另一类遗产，它是一种生活生产中的遗产，同时又饱含着传统的生产和生活。

2012年9月，经传统村落保护和发展专家委员会第一次会议决定，将习惯称谓"古村落"改为"传统村落"，以突出其文明价值及传承的意义。传统村落中蕴藏着丰富的历史信息和文化景观，是中国农耕文明留下的最大遗产。

随着中国社会经济的发展，特别是城镇化进程的加快，古村落不断消失和破坏，已经引起了国家和社会的极大关注。2012年，国家颁布了首批646个传统村落保护名录，截至目前，已有三批2555个传统村落进入目录。这些古村落如何实现保护与发展，如何在现代社会中"自存"——能留得住，还能活得好，无论在理论和实践上都面临着诸多难题。

村落不仅是一种既定存在的文化事实，更是村民集体智慧的一种文化创造。① 麻料村地处雷山县东北边缘，村落依山傍水、负阴包阳，民居建筑依山而建，一律保持着木质结构小青瓦的建筑特色，在村落建设的过程中，麻料村民结合本地山形地貌和周围的自然环境，房屋在布局上层层排列，既有层次，又有错落感。村内古树参天，道路纵横交错，村落周边层

---

① 向光华：《旅游人类学视域下少数民族特色村寨发展研究》，恩施：湖北民族大学硕士学位论文，2018年。

层梯田，人文与自然融为一体。由于麻料村在选址和格局上保持着苗族传统的建筑风貌特色，2013年该村被列入中国传统村落名录。雷山县西江"千户苗寨"因其得天独厚的旅游资源优势而在全国享有一定的知名度，而其下辖的麻料村在西江的带动下也把旅游开发作为村落的发展战略，近几年麻料村通过复兴传统的银饰锻造技艺助农脱贫，这一模式也成了当下各传统村寨竞相复制的典型案例。村内独特的自然风光和银饰体验馆的加持使得来到麻料的游客与日俱增，政府在通过发展村寨旅游业实现经济效益的同时，也在探索传统村落的保护路径。如何平衡好村落保护与经济发展的关系，需要有一个客观、理性的认识。

（一）物质文化基础

麻料村传统建筑大部分建于20世纪50年代，小部分建于清代，这些建筑体现了麻料村的历史风貌。麻料村现有民居165栋，建筑几乎都是清一色的穿斗式木结构，所有建筑都具有苗族吊脚楼的特色，依山就势而建，后部与山坡相邻而不连，前部木柱架空，底层径深较浅，楼面半虚半实，吊脚楼参差错落，贴壁凌空。

建筑多为居住建筑，有少量的公共建筑和仓储建筑。建筑层数以3层为主，部分建筑层数为4层，少数建筑层数为4层及以上。现状建筑中，保护建筑主要为苗族民居等传统风貌建筑。麻料村的传统民居共有165余栋，约占总建筑的95%，建筑整体质量一般，亦有少数建筑质量破旧。建筑质量较好的建筑约占总建筑的60%，建筑质量一般的建筑约占总建筑的30%，建筑质量较差的建筑约占总建筑的10%。现状建筑中，木结构建筑约占总建筑的90%以上，有少部分为底层砖、二三层木结构建筑。①

1. 吊脚楼

吊脚楼是苗族传统建筑，是中国南方特有的古老建筑形式。吊脚楼多依山而建，屋基开挖为上下二层，前檐柱不落地，因而得名为吊脚楼。麻料人的祖先迁入现在的居住地后，为了适应这里的自然条件，留下平地作

---

① 资料由麻料村村委会提供。

耕田用，以便繁衍生息，在建造住房时，选在30—70度的斜坡陡坎上，在传承传统的干栏式建筑的基础上，创建了穿斗式木质结构吊脚楼。麻料村吊脚楼的建造程序为选屋基、看风水、平整地基、备料、裁料、推料、安磉磴①、排扇、做梁木、立屋、上梁、摺檐断水、装屋以及其他附属工程。总之，从选择屋基、备料、立屋，一直到装饰完毕，都有完备的程序和不同的技法。除了屋顶盖瓦以外，上上下下全部用杉木建造。屋柱用大杉木凿眼，柱与柱之间用大小不一的杉木斜穿直套连在一起，尽管不用一个铁钉也十分坚固。房子四周还有吊楼，楼檐翘角上翻如展翼欲飞。房子四壁用杉木板开槽密镶，里里外外都涂上桐油，既干净又亮堂。

这种结构形式具有以下特点：一是结构简单而稳固性强，它是以柱、枋为基本构件，通过穿斗形成完整空间；二是充分利用当地木材及其强度，由于采用的是穿斗结构，用小材可以盖大房；三是既节约了耕地，又适应于山地斜坡建屋，并具有良好的通风防潮效果。房子框架全系榫卯衔接，一栋房子需要的柱子、屋梁、穿枋等等有上千个榫眼，木匠从来不用图纸，不识汉文的苗族木匠在建造民居中，运用高深的力学建筑原理和普通的几何图形，仅凭着墨斗、斧头、凿子、锯子等工具，便能使柱柱相连、枋枋相接、梁梁相扣，使一栋栋3层木楼巍然屹立于斜坡陡坎上，足见苗族民居建筑工匠的工艺水平。从外观上看吊脚楼的造型是长方形和三角形的组合，屋面由于排水的需要，必须是两面或多面，三角形也是最稳定的结构。从横向上看，房屋的上部、中部和下部由一个三棱体和两个长方体组成。无论柱、枋、梁、檩，都互为垂直相交，构成一个在三维空间上相互垂直的网络体系，从而奠定了长方形结构的基础，然后逐个延展组合而成整个屋体。房屋内部一般分三层，最高的也有4层，上层储谷，中层住人，下层楼脚围栏成圈，作堆放杂物或关养牲畜。住人的一层，旁有木梯与楼上层和下层相接，该层设有走廊通道，约1米宽。堂屋是迎客间，两侧各间则隔为二三小间为卧室或厨房。房间宽敞明亮，门窗左右对

① 安磉磴：指柱下接地基和柱子本身，放在这两者之间的石磴。

称。有的村民还在侧间设火炕，冬天就在火炕烧火取暖。中堂前有大门，门是两扇，两边各有一窗。一般在二楼的正厅向外的方向安装一个大长板作为长凳，板外沿向外挑出干栏曲线斜条，斜条符合人的脊椎弯度，适合闲坐，用于休息、观景和乘凉，苗语称"干席"（ghenbxil），建筑学上称为"吴王靠"。因为这里光线很好，在农闲时间和休憩的时候，苗家妇女都坐在这绣花或纳鞋底或梳头等，久而久之，人们也称"美人靠"。

对于传统风貌建筑，麻料村委会做出相关规定，对传统建筑要保持和修缮外观风貌特征，特别是保护具有历史文化价值的细部构件或装饰物，不改变外观风貌的前提下，维护、修缮、整治、改善设施。其内部允许进行改善和更新，以改善居住、使用条件，适应现代的生活方式。防止大拆大建和大面积的更新，对于原有构件存在的不安全因素，或历史上干预形成的不安全因素，允许调整结构，包括增添、更换少量构件，改善受力状况。凡是有利于传统风貌建筑保护的技术和材料均可采用，但具有特殊价值的传统工艺和材料必须保留。

建筑内部可以加以调整改造，配备厨卫设施，从而改善和提高居民生活质量，以适应社会的和谐进步，实现可持续发展。但任何改造措施都必须通过有关部门的审批，不得改变建筑外观和院落内的格局。①

2. 麻料银饰博物馆

麻料村银饰博物馆坐落于小寨和新寨的中央，东为麻料大寨，西靠麻料小寨，博物馆与村委会面对面，周围环境安静优美。

该博物馆已被录入国家级非物质文化遗产代表性项目名录，是"传统工艺贵州工作站""非遗扶贫工坊""雷山麻料传统工艺妇女扶贫就业工坊""全国第一所银匠免费培训学校""雷山县西江镇麻料村百匠银器农民专业合作社"，也是"雷山县西江镇麻料村银匠协会""雷山县西江镇麻料村银绣旅游发展有限公司"所在地。银饰博物馆是该村民族文化的重要组成部分，于2018年4月26日举行了开馆仪式，博物馆既是银饰刺绣传

---

① 麻料村民居建筑改造的相关规定由麻料村村委会提供。

习馆，也是银匠培训学校，集银饰精品展示、理论学习课堂、锻造加工车间、旅游商品购物、苗族歌舞表演于一体。

博物馆整体采用"吊脚楼"的建房构造，一楼为砖混结构，二楼为木质结构，外观为苗族独特的吊脚楼风格，整体的造型为倒放过来的"凹"字形，在传承传统建筑的同时，还加上了一些现代化的建筑特色，目的是为了提高博物馆的承载力。博物馆内针对游客进行开放，有明确的制度管理，如下：

雷山县西江镇麻料银锈博物馆参馆须知

一、本馆开放时间9：00-18：30对外开放，其他重要活动等特殊情况将提前公告参观时间。

二、为保障文物安全，营造文明参观环境，请参观者自觉遵守如下规定：

1.醉酒者、精神障碍者、衣冠不整者，谢绝入馆参观；

2.高龄老人、残疾人士、幼儿等须由亲友陪同参观；

3.严禁在馆内吸烟，禁止携带宠物入馆；

4.入馆前随身包裹，贵重物品自行保管，如遇损坏、丢失、概不负责；

5.自觉接受安检，严禁将易燃易爆、管制械具等危险品带入馆内；

6.自觉保持环境卫生，请勿丢杂物，请您不要将饮料、食品等带入展厅；

7.自觉遵守参观秩序，服从馆内工作人员现场引导和指挥；

8.严禁触碰文物，及师傅加工具、陈列展品，严禁进入隔离带内，凡是对馆内设施文物及陈列展品造成损坏的，照价赔偿，并承担相应责任；

9.场馆内请勿大声喧哗、奔跑、追逐、攀爬、躺卧、睡觉或做其他游戏活动。

三、如遇我馆重大或临时性活动，须遵从我馆安排。

四、本参观须知最终解释权归麻料银锈博物馆。

博物馆里设有值班室，聘用了两位村里的贫困户为保安，保安两天轮

流一次值班，负责博物馆的财产安全。^①

3.古井、古塘、古树、寨门及田坝

古井：麻料村有三口古井，主要分布于村寨的北部、南部和西部，数百年来，水井担负着麻料村的生活用水，古井里的水冬暖夏凉，十分可口，至今仍在使用。对麻料村的古井的保护已登记造册，并设立了介绍牌，严禁村民填埋、破坏，古井周围三米范围内禁止建设和进行其他导致污染的行为。

古塘：在麻料的村口处有一处古塘，不仅作为寨子的景观水塘，危急时刻还可用作消防水塘。麻料村已加强对古塘的保护，对古塘卫生及周边环境进行治理，严禁任何形式对水体的污染。

古树：麻料的古树林分布于寨子中部和西部，主要以香樟树、枫香树、杉木为主，是古村落的重要组成部分。村里也对古树名木进行了严格的保护，规定对村里200年以上的树木一律禁止砍伐。村委会对村里的古树都进行了普查，凡400年以上的古树一律挂牌保护。依据普查结果，以村委会的名义向全村公布保护名录，并对每棵古树名木设立保护标牌，明令保护，以村委会为主要管理单位实行统一保护和管理。在普查的基础上，对村域内的古树建立资源档案，定期对古树名木的生长环境、生长情况、保护现状等进行动态监测和银牌保护，并设文字说明。一旦有虫害，会及时进行治疗和处理。另外，依据国家有关法规关于古树和名木的保护性规定和相关文件，还制定了麻料村古树保护管理的地方性规定，使古树和名木的保护有据可依。^②麻料村村委规定古树名木禁止随便搬迁，也不得在古树名木保护范围内营造房屋、开垦荒土、倾倒废土、垃圾以及污水等，以避免改变和破坏原有的生态环境。为防止游人践踏，古树名木可进行围栏保护。

寨门：寨门是苗族村寨的脸面，是苗族群众用于表达情感和禁忌的重

---

① 资料来源于麻料村银饰刺绣传习馆。

② 参见《中华人民共和国森林法》第四十条：国家保护古树古木和珍贵树木。禁止破坏古树古木和珍贵树木及其生存的自然环境。

要场所。麻料村寨门始建于清代，但由于年久失修曾毁于一旦，后经地方政府帮助后重建。现在的寨门采用的是吊脚楼+凉亭的结构原理，寨门上方题有"麻料银匠村欢迎您"，凉亭内设有倚靠休息的长凳，背面是古塘，凉亭每天都会有旅游者和村民到此休息聊天，错落有致的整体格局展现了麻料村苗族村寨的典型风貌，为研究苗族村落的生活空间、生态空间提供了真实依据。每当麻料村开展民族文化活动时，寨门就悬挂着具有特定含意的标示物，或热烈欢迎、或严格禁止。外村人来到苗族村寨，看到标示物就知道自己是否被欢迎、是否能够进入。村委会对寨门会进行定期的维护和维修，如有需要维修的需报相关部门，批准后方可遵照原形进行维修，要修旧如旧。对寨门周围的环境进行控制，对周边环境进行绿化处理，在寨门两侧各布置了两个防腐木树池，栽种了植物，保持风貌的协调性。另外还规定在寨门周围不得修建与其风貌不符的建筑物、构筑物以及其它设施。

图 11-1 麻料村农田

田坝：麻料先民们依山就势开垦，形成了今天麻料的田坝文化。麻料的田坝主要分布于村寨的四周，少部分分布在山坡上。麻料祖先落户麻料后，就开始开垦荒地，至今麻料已有农田556亩。同时，麻料田坝也体现了村民生产生活与自然的协调。目前，麻料村对现有的田坝也进行了整体的保护，要求不能随意破坏和占用，并维持正常的农业生产，基本农田保护按照《基本农田保护条例》实施，确保基本农田总量不减少、用途不改变、质量不降低，目前麻料村寨范围内的农田已全部恢复为水稻种植，为提高水稻种植经济效益，当地政府采用适合当地气候环境的优质水稻品种，并通过采用新技术，科学的种植管理，实现优质水稻高产。既传承了苗族梯田的优良传统和景观风貌，又为村民带来了可观的经济效益。

现在麻料村已逐步建立传统村落文化遗产保护档案，对传统村落、传统建筑实行分级保护，对不同价值的传统村落、传统建筑制定详细的保护档案，分等定级，运用计算中的数据进行管理，跟踪其变化情况，及时采取相应的保护措施。着重对传统村落文化进行研究、展示，对具有价值的传统建筑及其历史风貌采取政策保护和鼓励措施。

（二）非物质文化基础

1. 村规民约

法律制度在对地方的社会秩序进行治理的过程中具有一定的强制性，在一定程度上能约束村民的行为，但当地方性事务超出了法律的管辖范围内，就必须依靠村规民约，才能加强对村民的行为监督，维护乡村的社会秩序。如前文我们所提到的针对麻料村滥办酒席、高价彩礼以及争当贫困户等风气的日益蔓延，麻料村村委会召集寨老及各家代表进行商议，对于上述三种情况分别列出了具体规定和处理办法（详细条款参见第十章第一节民间社会治理），并以村规民约的形式张贴于麻料村村口的宣传栏处。

笔者就操办酒席一事也对村民进行了访谈，村民李SC① 说："……有些人娃娃考起学校也办酒，起了新房也办酒，屋里老人高寿也要办酒，个个都像这样，村里酒都吃不完，礼都送不完，是要着控制一下了，这样

---

① 访谈对象：李SC，男，52岁；访谈时间：2019年6月7日；访谈地点：麻料村村口。

发展下去不得了……"大多数的村民都表示很反感大事小事都办酒席的行为,认为每个月送礼的开支很大,办酒席原本是好事,但是对送礼的人来说就变成了一种负担。村民对村规民约中提出的对操办酒席的类型进行限制几乎都表示支持,但对酒席的桌数限制和人员的邀请限制,部分村民表示无法理解,村民潘QN① 告诉笔者:"结婚办酒也要着这样那样的限制,像我之前大部分时间都是在外面打银饰,最开始是帮别个打,后来自己有点钱,也开了个银饰店,在外面结交的朋友也多,朋友通知我去吃酒,我都送了礼,现在送礼都是200元起,哪还有人送100的,这样规定别个来我这还礼都不晓得咋个还……"。由于法律条文中没有规定哪些范围内的喜事可以操办酒席,哪些不能。为了规范村民的行为,村委会重新启动了传统社会中的村规民约,条款中的大多数内容都征得了村民同意后才进行公示并执行,少数人会对条款中不考虑实际情况的规定颇有微词。总体而言,村规民约在"熟人社会"的实践是行之有效的,特别是涉及伦理道德方面的问题,民约、习惯法所发挥的作用更大。传统村落的保护,不应仅关注对物质基础的保护,更要治理并维持好乡村社会秩序,使得物质与精神的发展相同步,社会风气的良性发展才能有助于传统村落的保护。

2. "消防栓"及"防火安全"条例

据麻料村原老支书黄TD② 说:"1970年11月22日,麻料村曾发生过一次大火灾,当时烧毁了175间房屋,粮食6万多公斤,有60多户人家受灾,损失将近10多万元。"火灾把村里大部分的房屋建筑都烧毁了,从那次事件后,村民们就意识到防火灾的重要性,政府和村委会通过会议决定在每家房屋外都安装一个"消防栓",在村口的"雷山县西江镇麻料村社会治安、防火安全宣传栏"里张贴有黔东南苗族侗族自治州农村消防条例、消防专栏、鸣锣喊寨情况、动态栏、政策宣传栏、公示栏这几项内容,并且要求村民们认真贯彻落实"黔东南苗族侗族自治州农村消防

---

① 访谈对象:潘QN,男,48岁;访谈时间:2019年6月7日;访谈地点:麻料村村口。

② 访谈对象:黄TD,男,75岁;访谈时间:2019年6月5日;访谈地点:麻料村村口凉亭。

条例":

第十八条　村民应当履行下列农村消防义务

（1）遵守村寨防火安全公约；

（2）发生火灾时积极配合灭火扑救；

（3）爱护消防栓，消防水池等公共消防器材和设施；

（4）不占用防火隔离带、消防车通道建（构）筑或者堆放柴草、饲料等可燃物；

（5）不在架空高压输电线路，遵守电器安全使用规定，不得超负荷用电，严禁乱拉乱接电线，不安装和使用无合格标志的电器产品；

（7）不使用"老虎灶"，不在木质楼板上用火，定期清理火炕、烟道，不在木质楼板的室内和不安全区域使用明火或取暖设备烘烤衣物、腊肉等；

（8）学习和掌握家庭火灾扑救和逃生自救等消防常识，做好对儿童、老人、精神疾病患者、智力障碍者等被监护人的教育和看护；

（9）租赁房屋或者承包经营场所时，明确当事人的消防安全责任。①

麻料村消防安全管理：

（1）建立消防档案，建立由监护人、村干、协管员为主组成的对"高危"人员在发生火灾时进行多对一疏散救援的监护小组；

（2）在麻料村规划范围内，村民流动最集中的几个地点设置消防安全宣传栏和固定消防宣传牌；

（3）由村委会每季度组织村民开展一次消防安全教育活动；

（4）在重大节日期间和火灾多发季节，利用广播对村民进行消防安全宣传和提醒；

（5）落实由消防安全巡视人员进行每日鸣锣喊寨的制度，火灾高发期（每年11月至次年4月）要落实消防协管员夜间（每晚23时至次日凌晨2时）巡查、值守和鸣锣喊寨；

---

① 资料来源于雷山县西江镇麻料村社会治安、防火安全宣传栏的部分条例。

（6）制定消防安全预案，包括灭火救援洒水点、避难疏散路线，并每半年组织专职消防队和"高危"人员监护小组进行一次消防安全演练。①

政府对麻料进行传统村落的打造，使得现在麻料村的居民建筑基本上都是砖木混合结构，即最底一层采用石头或者水泥砖来打底，而上两层则是用纯木构建，这样的建筑形式很好地保留了当地的民族特色。但由于木质建筑易燃的属性，再加上1970年那场寨内大火，现在村里几乎人人都有了防火安全意识，这在一定程度上对麻料传统建筑的保护起到了积极的作用。

二、旅游开发基础

（一）浓郁的民风民俗

麻料村的民族文化有着鲜明的苗族文化特色，如苗族米酒酿造技术、苗绣、织布技艺、银饰制作技艺、吹芦笙、苗族敬酒歌等至今还在麻料村一代又一代中传承。

苗族自古以来就掌握有自己的酿酒技艺，米酒的酿造也是一个长期的过程，一般米酒的酿造，需要经过蒸米 — 发酵 — 烤酒三道程序，其中发酵这道程序至关重要，做不好的话可能会发酵失败，一般冬天的话要发酵一个月，夏天的话则是二十天左右。烤酒时掌控酒的度数也是门学问，这得根据酿酒的多少来决定。由于麻料的苗族人很早就掌握了酿酒的技术，因而形成了饮酒嗜好之一，大部分农户都能自制酒，自酿甜酒、泡酒和烧酒，但以烧酒最普遍，在苗族社会中，酒的用量是很大的，如建新房、过年过节、婚、丧、祭神、敬神、敬祖宗等，都要用酒，日常生活中做重活，放工时餐餐离不开酒。在麻料，中老年男人几乎都饮自家酿的烧酒，妇女平时虽不饮或少饮，但家里若有客人来或是遇到喜庆节日时，家中的妇女就会端起酒杯，成为陪客主力，因为妇女要在宴席上唱敬酒歌，酒歌

---

① 资料由麻料村村委会提供。

的内容一方面是对客人的问候、赞美和祝福，另一方面在宴席上通过敬酒歌能劝酒助兴、烘托热闹的气氛，表达主人家的热情好客。如果客人不愿喝酒或者喝得不畅快，家里的妇女就会拿起酒杯向客人唱起敬酒歌，让客人欢欢喜喜、心甘情愿地饮干杯中酒。在麻料做客，主人必定陪到客人醉酒，宴席方散。

过去，麻料的女孩子从小是必须要跟母亲学织布技术和刺绣的，如果说银饰制作是男人的专属，那么刺绣就是女人必须掌握的技能。织布和刺绣的技能体现了一个姑娘是否贤惠，这也成为未婚小伙子们择偶的一个重要标准。雷山苗族织锦采用苗族织布的传统方法，通过经纬线的多种交织方法而直接织成有图案的布料。织锦分手织和机织两种，织出的布料有素锦和彩锦之分，所织出的布广泛应用于服饰、壁饰、背包等。布匹织好后还要在上面刺绣，苗绣主要绣的是苗岭的山川河水、花草树木和各种飞禽走兽鱼虫。在刺绣前先经画图、量尺寸、粘贴、剪裁等多个程序做成材料，才开始拿着准备好的针线，在材料上进行刺绣。随着现代机械化设备的兴起，刺绣开始出现了机绣，村里的年轻妇女由于外出打工或自己做生意，没有时间和耐心再一针一线地做刺绣，在招龙节、鼓藏节需要穿节日服装时，一些人会选择去商店里购买现成的，商店里出售的都是机绣的民族服装，因此价格也相对低廉，但是对于女儿出嫁要穿的盛装，做母亲的可谓用心良苦，一针一线都会认真缝制。

相比较织布和刺绣技艺的传承即将断层，银饰锻造技艺的传承经久不衰，近几年复兴势头正强劲，麻料村作为雷山县三个久负盛名的"银匠之村"，锻造技艺经过数代人的传承和创造，早已炉火纯青，每一件银饰品都有着复杂的锻造过程，冶炼、锻打、倒模、雕刻、焊接、拉丝、编结、洗涤等30多道的工序，苗族历史文化图案也都被银匠们熟记于心。心之所至，雕刻、捶打更是一气呵成。当然，银饰制作技巧的精湛，绝非是一朝一夕所能完成，需要长期的学习和实践才能铸就。（前面第八章已详述）

此外，麻料人还会制芦笙、吹芦笙。芦笙由笙斗、笙管、簧片和共鸣管构成，材料主要为芦笙竹、黄铜、木料。笙斗又称气箱，多用杉木、松木或者梧桐木制作，以杉木为佳，纹理顺直、质地松软、少疤节，外观呈纺锤形。芦笙不仅是一种民族乐器，而且是苗族男女青年恋爱生活中的重要"媒介"。芦笙制作技艺历来都由师傅亲手教授，无文字资料留存，且技艺考究，传承比较困难。现在麻料能熟练制作芦笙的艺人已经越来越少，高超技艺后继乏人，面临失传的危险，亟待抢救、保护。

（二）民族节日体验项目

为了给麻料的旅游宣传造势，近两年麻料的苗族传统节日呈现出复兴的趋势，且节日场面越来越大。鼓藏节、招龙节也成为麻料的宣传途径之一。一般在节日前1个月麻料村委就会通过微信或者贴海报的方式进行宣传，村委也会斥资请一些外来的篮球队或者有名的苗族歌手来登台表演，吸引附近村寨的人们前来观看，凝聚人气。

早期鼓藏节是杀牛祭祀祖先，后来进入了农耕社会，牛作为每家每户中不可缺少的劳动力，于是改为杀猪祭祀祖先。临近鼓藏节来临的时候，家家户户都将米酒、糯米、猪等等准备好，尤其是猪和米酒，基本上要提前一年准备，猪是按照家里亲戚的多少，来决定要宰杀多少头猪，基本上每处来的亲戚都能得到一条猪腿。

招龙节，苗语称（yangl dliangb dab），意思为"养香丹"，十三年一次，一次连过三年。据说当时祖先迁来麻料这一带时，正是猴年农历二月的猴日，后世人们为了纪念先祖迁徙的日子，就定于每过十三年的猴年农历二月猴日为招龙节。招龙节也是麻料周边如乌高等几个村寨的隆重节日之一，也是黔东南苗族特有的一种民俗活动。节日中会前往山上祭拜山水神灵，为本村寨召回隐藏在千山万壑之中的神龙。过节时全村男女老少肩扛事先准备好的竹标，上面夹上白色的旗子和纸人，由鼓藏头等人吹着芦笙带着大家前往离村子几里的土坡上去招龙，当然，这个地点是变换的，由远及近，三个地点。在祭师进行祭祀祷告之后，将各家各户凑来的百家米撒下，大家撑开衣角来接米，经祭师之手撒下的米，称为"龙米"，也称"福米"。然后全村男女老少沿路返回，将竹标签插在沿路，这样神灵就会跟着竹标回村寨，在村口会遇到村里的妇女前来敬酒，敬到必喝。归来后将福米置于家中的神龛香台，算是引龙入寨，这样才能人丁兴旺、六畜兴旺、五谷丰登、消灾免祸。

苗年是苗族最为隆重的节日，每到苗年节，家家户户都事先将房子打扫得干干净净，将屋子里一些废弃的东西清除，添进一些新事物，是为去旧迎新。与汉族过春节一样，苗族人过苗年也会积极地准备年货，如家家户户都要打糯米粑、酿米酒、发豆芽、磨豆腐，经济条件好一些的还要杀猪过年，做香肠、血豆腐、为家人添置新衣物等。此外还有许多的习俗，比如在苗年期间，家务为家中男子来做，女子不做。亲戚朋友之间相互走亲戚访友。当然，少不了许多庆祝的活动，比如游方、斗鸟、跳芦笙、斗牛、斗鸡，现在增加了一些现代体育活动如打篮球、拔河等，持续时间一般为五到十二天。

现在麻料的"苗年"越来越淡，大家基本不再过苗年，而改过春节。究其原因，一方面是由于现在的节日众多，外来节日对苗年的冲击，大家对于节日出现了审美疲劳，不再热衷于过苗年。另外一方面在于村里年轻人工作环境的变迁，很多年轻人都在外面打工或求学，而过苗年的时间与年轻人的工作时间相冲突，如回家过苗年需要请假，耽误工作或学习。而过完苗年不久又要回家过春节，来回奔波的成本太高，因此为了方便年轻人的时间，麻料现在统一过春节，不再过苗年，但是对于十三年一次的鼓藏节和招龙节还是极为重视的。2017年3月10日，麻料迎来了十三年一次的"招龙节"。3月10日上午，吉时一到，麻料村的招龙祭师和村民们带着米酒、鸡蛋、香纸等祭物，从寨边的龙池出发，向村寨的"龙脉"主峰前进，在主峰上举行"招龙"仪式。按照麻料的习俗，"招龙"仪式上，要在"龙脉"主峰种一根竹子，祭师会在竹子前洒上米粒，念祭词，为村寨祈福。待竹子种好后，全村老少来到竹子前焚香化纸、洒米酒、供红鸡蛋，祈求"神龙"保佑寨民平安。随后，祭师念起招龙祭词，开始往回走，一边走一边撒米，引领山中的"神龙"进入村寨，在全寨人的恭迎下，祭师引领"神龙"进入寨子里的祭龙坪，神龙开始接受村民的供奉。鼓藏节或招龙节也吸引了无数游客前往参与，在一定程度上提高了麻料的知名度。

（三）重点旅游项目

麻料村历来有银饰品加工的传统，素有"银匠村"的美誉，又称"银匠天下第一村"，且也是传统村落之一。麻料银饰工艺精湛，多次在多彩贵州工艺品大赛中获奖，很多传承人都是国家工艺美术大师。全村银匠200多人，随着社会的发展及外面经济收入的增长，许多年轻且有手艺的银匠们都外出打工，麻料的银匠们分布在北京、上海、广西、黔东南各县市等全国各地的景区景点，现在留在村内的基本都是老人以及小孩。麻料村已经出现了"空心化"问题，因此，建设村级集体经济发展项目有一定的必要性。2018年麻料村成立了麻料银饰产业合作社，该合作社由村两委主管，银匠协会运营，会员智囊团集中管理。目前该合作社共有70多户，现今麻料村交通优势明显，更进一步加快了麻料银匠村与外界的经济合作与发展。通过该项目的建设带动了外出的银匠回乡发展银饰产业，使村里回到了70、80年代进村就能听到叮叮当当敲打银饰的声音。麻料银匠村银饰锻造技艺培训学校的建设也带动了村内的旅游，拉动了农家乐和银饰、刺绣等手工业产业的发展，同时带动农村集体经济的提升，解决了部分待业老百姓的就业问题。目前城乡一体化已是大势所趋，农民利用自家庭院，依托农村绿色自然资源和乡村文化资源，以乡土文化特色吸引外来游客走进农村，体验原生态的乡村生活。城镇化的快速推进为"农家乐"的发展提供了更广阔的市场空间，是旅游发展的重要环节，也是推动旅游经济的关键支撑点。

此外，政府也在加强对麻料的硬件设施建设，2018年雷山县政府以"银饰加工"为文化核心，着力打造麻料村银饰加工示范基地。

雷山县财政扶贫资金项目（2018年度）[①]

项目名称：2018年西江镇麻料村银饰加工示范基地建设项目

建设内容及规模：财政扶贫资金58万元，根据项目进度拨款用于银饰

---

① 资料由麻料村村委会提供。

加工用房装修200m、产品展示厅装修200m、银饰加工体验设备30套。

（1）银饰加工用房装修200m（地板铺设仿古砖200m，墙面美化200m，木质吊顶200m）。

（2）产品展示厅装修200m（地板翻新200m，墙面美化200m，木质吊顶200m，产品展示柜30m，射灯120个）

（3）银饰加工体验设备30套。

总投资58万元

其中财政扶贫资金58万元

项目建设期限2018年1月至2018年12月 完成建设日期：2018年7月

项目实施单位：西江镇人民政府

项目监督单位：雷山县扶贫开发办公室

另外，麻料村委及西江镇政府也在完善麻料村的基础设施建设，目前村内建有404平方米的村级活动室一个，村内建有篮球场一个，人饮工程蓄水池两个120平方米，消防池一个70平方米，供水正常。已通水、通电，通路，是一个具有民族旅游开发潜力的苗寨。

地方政府发挥主导作用，对村庄基础设施的建设和完善，既为村民改善了生活环境，也为游客提供了良好的旅游环境。

表11-1 麻料村传统村落保护对象一览表

分类	保护内容		具体保护对象
物质文化	自然环境	山体	背阴山、对门山
		农田	村落周边农田
		植被	周边山体林地
	村落格局	边界	出入口及边界植物带
		道路	内部巷道、外部进村道路
		公共活动空间	芦笙场及篮球场等公共活动空间

续表

分类	保护内容		具体保护对象
物质文化	传统建筑	民居	村内传统民居
		古井	3口
		古塘	1处
		古树	4片
		寨门	1座
非物质文化	传统民俗		苗族鼓藏节、一年一度的扫寨、苗年节、吃新节
	传统音乐		苗族飞歌
	传统舞蹈		苗族芦笙舞
	传统技艺		银饰制作

三、旅游发展

（一）旅游开发背景与开发条件

1. 旅游开发背景

早在一百多年前，麻料村就以精于银饰制作在省内颇负盛名，那时由于地处偏僻，交通不便，银饰产品只能由村子里的银匠们外出销售，类似于古代的行商。地少人多，村民的主要收入主要是银饰制作和外出务工收入，极小部分来源于养殖收入。2006年苗族银饰锻造工艺被列入第一批国家级非物质文化遗产，2009年初，雷山凭借底蕴深厚的银饰文化，被中国美术工艺协会评为"中国银饰之乡"。麻料的银饰传承人代表是李平岩（第八代，1957年出生），其师承情况是：李容里（第一代）—李黄荣—李耶黄—李五耶—李你保—李九你—李银九，传承情况良好。

2. 开发区域资源赋存状况和旅游发展现状

麻料村世代以银饰加工为生，银饰文化代代相传，故被誉为"银匠村",目前全村银匠共有114户236人,占总户数的63.3%,其中贫困户20户33人。随着政府政策的扶持和交通环境的改善,许多在外务工的村民也纷纷回来从事银饰制作,截至目前为止麻料村从事银饰制作的人口占了全村人口的80%以上,麻料村也成为名副其实的银匠村。

为抢抓西江千户苗寨旅游井喷式发展机遇,麻料村充分利用自身银饰文化优势,大力发展乡村旅游,积极探索以苗族银饰锻制技艺在村寨传承,保护助推脱贫攻坚为抓手,涌现了潘SX、李LS为代表的一批有思想、有责任的麻料村人,经过外出学习培训,通过苏州工艺美院、传统工艺贵州工作站的工作人员给予鼓励,并为他们出谋划策。全村人筹资100万元,申请扶贫资金58万元,将村里闲置的小学、民房改造成银饰加工坊、银饰刺绣传习馆。村民联合成立百匠银器合作社、银绣旅游发展有限公司、银匠协会等,采取"公司+合作社"的经营模式吸引村里的银匠回归山寨。

雷山县西江镇银绣旅游开发有限公司是一家主要经营银绣和刺绣产品销售的旅游文化经济发展公司,成立于2018年1月15日,注册资金100万元,员工60多名,以村集体经济模式经营,公司有140个股东。公司的主旨是以发展乡村旅游经济,推动农村精准扶贫户脱贫,推动全村经济发展。公司主要通过电子商务和麻料村实体店向社会各地销售手工银饰产品。目前公司有七十余名经验丰富的老银匠,设有银匠制作和刺绣免费培训,培养和发展下一代民族银饰制作和刺绣技艺民族文化的传承人。2018年4月26日,雷山县西江镇麻料村迎来了贵州首个村级旅游发展大会暨银饰博物馆开馆仪式。麻料村的博物馆与众不同,除了在一般同类的博物馆里能随处见到的各种苗族银饰、苗族蜡染、苗族服饰等各类苗族特色手工艺品之外,还增添了让游客免费参与体验银饰制作的项目,由村里的老银匠们担任老师并指导游客们亲手制作银饰。这不仅标志着博物馆正式向游客免费开放,而且也是全国第一所银饰刺绣工艺学校。

在镇党委、政府的支持下,村两委积极引导村民回乡创业,成立银饰工坊13家、农家乐5家。村寨又恢复了潘SX、李LS年幼时见到的"银匠天天作"的景象。来自全国各地学习和体验苗族银饰技艺的学生、设计师、游客越来越多，收益随之增长。通过接待游客、销售银饰，村民经济收入大幅增加。2018年5月以来，麻料村共接待游客8000余人次，旅游综合收入90余万元，其中，13家银饰工坊通过加工银饰产品销售户均收入达5万元以上。2018年以来，麻料村还与凯里学院、黔东南职院、贵州师范大学、苏州工艺美术职业技术学院等多家高校建立"村校合作"模式，提供智力与技术支持。其中，高校输送学生到村内学习手工银饰和刺绣制作，进行技能体验，共4期1000余人次。

2018年8月，文化和旅游部副部长项兆伦一行到麻料村调研，① 对麻料村的民族银饰手工艺产业发展助推脱贫攻坚工作给予充分肯定，麻料村以振兴苗族银饰锻制技艺来改变贫困状况、实现乡村振兴，是传统工艺助力精准扶贫的案例，成为可推广的非遗扶贫模式。

（二）当地发展旅游业所存在的问题

目前，麻料所打造的旅游项目包括：品农家乐特色菜肴、欣赏苗家民俗文化、享受民间山珍野味、体验银饰锻造技艺。

麻料博物馆游客登记簿中的访客记录显示，2019年4月25日到2019年6月11日，共有192名游客来到麻料，南方省份的居多，主要为贵州本地人，一位美国籍游客。多数游客自驾游，少数跟团游，多数游客对麻料村的印象较好。在博物馆游客登记簿中，笔者总结了游客对当地旅游的一些建议，如下：1.可以适当开展民俗活动；2.当地旅游尽量保持传统，不要受外界干扰，避免过度商业化；3.针对当地旅游资源单一，游客建议应该开发旅游资源多样化，才能更好地带动旅游；4.交通不便，需要加大力度改善交通条件。笔者在田野调查中发现，当地发展旅游业所存在的问题主要有以下几个方面：

（1）旅游资源开发单一

旅游的可持续发展，核心在于打造旅游文化品牌。虽然麻料村作为传

---

① 中国非物质文化遗产网·中国非物质文化遗产数字博物馆，[学术]"非遗·扶贫"，来自贵州麻料村的实践报告，（2019-02-27）.

统村落，在自然风光旅游资源上保存完整，且有银饰锻造技艺这一特色项目，具备一定的物质文化基础，但当地的非物质文化还有待挖掘和合理利用，当地的苗族传统饮食、节日习俗、苗族歌舞传承等内容几乎被忽略。如当地农家乐的饮食没有苗家特色，只是很普遍的、符合大众口味的烹饪方法。没有节日活动的策划和民族歌舞表演，游客来到当地，唯一能参与的项目就是体验银饰锻造技艺，而当地的少数民族文化氛围并未突显，这使得文化本身脱离了其生存的文化土壤，银饰锻造技艺未能与当地文化习俗相结合，似乎使得锻造技艺如同"空中楼阁"。旅游的规划与设计重点在于政府的资金投入与对村民的意识引导，虽然目前村里成立了麻料村银绣旅游开发有限公司，且前期依靠政府和村民集资已投入100万元，但要进一步开发人文景观，建设民俗文化活动场地，还需要以政府为主导，加大旅游投资。

（2）交通便利性有待改善

麻料的银饰手工艺是否能"坚守"，终究是受到市场力量的驱动，即以游客数量和其中潜在的消费者为前提。旅游发展的一个重要因素就是景区的可进入性，虽然西排旅游公路[①]已修建完工，但由于雷山的地形地貌，所修公路只能为盘山公路，从西江到麻料尽管只有15公里，但实际的交通距离比直线距离要远得多，从西江到麻料自驾车需要40分钟，对于本地游客来说，如果从凯里市自驾车出发至麻料大约需要1小时20分钟，而对于外地游客而言，往往需要先搭乘飞机到贵阳或坐高铁抵达凯里南站，搭飞机的游客需要转乘大巴至凯里，凯里再转乘大巴至西江县城，再通过50分钟左右的班车到达麻料。可以看出，外地非自驾游的游客想要进入麻料需要多次换乘交通工具，加之麻料的旅游资源单一，因此基本上游客不会把麻料列为直接旅游目的地，游客会在去西江游玩的途中选择性地来到麻料或者周围的控拜村、乌高村、九摆村等传统村落。如果没有节日活动或者不是为了来完成拍摄银饰锻造技艺的任务，大多数游客在麻

①　西江千户苗寨至台江县排羊乡。贯通雷山、台江三棵树镇南高村、雷山县西江镇控拜村、麻料村、堡子村、乌高村和台江县排羊乡九摆村、南林村7个村。

料停留的时间不超过一天。显然，游客的短暂停留一定程度上会减少在麻料村农家乐和银饰工坊的消费支出。因此，交通是否便利也成为麻料村旅游发展的一个极大的阻碍因素。

（3）村民主体地位缺失

虽然雷山县政府在2015年提出了"一核两带八区"，即以西江千户苗寨为核心，建立雷公坪高山生态旅游带、大沟生态农业旅游带、西江千户苗寨旅游区、九寨银饰文化旅游区、开觉鼓乐休闲旅游区、白碧河茶香旅游服务区、干荣生态农业旅游区、雷公山原生态旅游区、陶尧温泉洗浴度假旅游区、乌香河生态健身旅游区，其中的八区之一即为西江与麻料、控拜等九寨连成一线的文化体验旅游区。政府试图打造旅游一体化线路，带动旅游业向四面扩展，但实际情况是周边村寨如控拜村空心化程度更严重，笔者在麻料进行田野调查时也走访了控拜村，从麻料村的田埂小路步行出发至控拜村仅需15-20分钟。走进村庄正遇到一户住在半山腰的人家家里老人去世，出于丧葬禁忌的考虑笔者和同行的人没有前往。正值酷暑，烈日当空，我们在村里转了半天几乎看不到村里人，很多房屋也是大门紧锁。在村东头遇到一家开着门的银饰店，一位20出头的年轻女性正在门口洗银饰。我们向她说明了来意，提出想进店里看看，她热情地答应了。年轻女性说她姓吴，从九摆村嫁过来的，她的丈夫姓李，是控拜村人，在门口玩耍的小孩是她的儿子，今年2岁零4个月。据小吴说，银饰店里的银饰都是她丈夫打制的，玻璃展柜里陈列着银手镯、银项链、银耳环、银筷子、银碗等银饰品，她的丈夫祖上都是手艺人，这家银饰店已经开有3年，前两年一些游客来麻料村旅游就顺道来了控拜，银饰店还有一些生意。今年游客少了，平时店子由小吴一个人打理，家里有事的时候索性直接把店门关了。丈夫主要在西江的银饰店当银匠打工赚钱，这两天村里刚去世的老人是她丈夫旁系的伯父，所以回来帮忙料理丧葬事宜。小吴说村里很多人家跟她家情况一样，为了赚钱大家都不得不跑到外面去谋生，村里的田地都荒着无人耕种，村委在前几年鼓动村里的年轻人回村创业，开银饰店，银饰店也成了村里唯一的经济创收方式。政府对村民进行了旅游发展的意识引导，但却没有立足于实际，不考虑游客流量的问题，当生计方式的变化与现实产生了巨大的冲突，旅游开发亦变成了政府主导、部分牵头人参与的官方行为。因此，政府在进行旅游资源开发时，要立足于现实，规划旅游资源多样性发展的同时不应该让普通村民的声音被湮没，村民在旅游开发中应处于主体地位。

（4）旅游接待能力有待提升

我国旅游业的发展是以部分大城市及古都城市为依托起步的。这些城市受历史条件、自然条件的影响，大多数都有丰富的人文自然旅游资源，城市原本的旅游基础好，大多是各地区政治、经济和文化的中心，具有良好的旅游接待能力。近几年，传统村落旅游呈迅猛发展，以城市为主的接待格局显然不适用于中小城市。麻料村现有5家农家乐，农家乐涵盖了游客的饮食和住宿服务。在旅游淡季，村里的农家乐基本处于停摆状态，正常营业的只有YJG客栈和DX农家乐，YJG客栈的老板是麻料村的村支书李YC，DX农家乐的老板李SH是村支书的表哥，一般村里有组团来学习或者旅游的团队，首选便是YJG客栈和DX农家乐。笔者带着学生前来当地做田野调查也不例外，通过学校与当地村委会的联系，我们到达的当天就由李SH银匠接待，根据学生和老师的男女比例，我们被分别安排在了YJG客栈和DX农家乐，住宿为每晚60-80元价格不等。相对而言，两家住宿条件都较干净卫生，但档次偏低，由于是在自建房的基础上改成的"家庭式旅馆"，木房的隔音效果较差，严重影响游客的睡眠质量，且卫生间也是公用，卫生条件一般，游客多的时候使用起来极不方便。目前麻料品质民宿、精品度假酒店和自驾游营地等产品短缺，旅游接待、服务设施落后，无法满足游客多样化的住宿需求，无法吸引高端游客，很多游客慕名而来，因为住宿条件而不愿久待，在麻料稍做短暂停留就离开了。另外，由于经营者都是本地居民，且接待机会被村里有话语权的人所控制，人们的竞争意识不强，接待水平和服务意识有限。一些来到当地的游客表示能吃饱但吃不好，饮食以大锅菜为主，尤其是有一些重要节日时接待能力更显不足，总体而言，无法满足游客的正常食宿需求，这也反映出政府在吸引社会资本投资乡村旅游方面力度不足。

（5）经营秩序欠规范

麻料村经营秩序混乱与当地村民由农民向个体经营者的角色转变有关。据田野调查的数据统计显示,麻料村人口的文化程度绝大多数是初中以下水平,妇女和老年人是文盲或半文盲的不在少数。[①] 个体经营者普遍文化程度较低,经营理念滞后,没有发展规模性经营的基础。其次,村里几乎没有旅游专业管理人才,服务人员都是本村居民,缺乏对旅游目的地的专业培训,比如村里设有博物馆,但是没有解说员,村里的古树、古井等自然景观也没有培训专业的服务人员进行解说,游客来到博物馆都是走马观花的参观,这大大降低了游客的旅行体验。另外,村民对于现行的旅游市场的政策法规知晓度低,农家乐的开设需要进行税务登记,并给游客开消费发票,但麻料的经营者显然还没有这种意识或者在这方面非常被动。笔者田野期间所住的DX农家乐,由于自身原因需要跟老板李SH开发票,但老板却拒绝了,原因是没有发票,也从来没有开过发票。这让笔者一度很为难,田野调查所花费的住宿费没有发票将无从报销,只得催促农家乐老板赶紧去税务部门登记,在田野调查结束前给笔者开发票。从笔者的个人经历也反映出当地的经营者法律意识淡薄,经营者的服务素质有待提升。

（6）旅游产品创新力不够

麻料旅游业的发展重点在于银饰品的打造和销售,实行线上线下双重销售模式。除了苗族银饰品外,麻料的银饰店所销售的产品种类很少,且不注重市场调查,银饰的设计一味地跟风和模仿。当今旅游者的需求越来越个性化,银饰品的大同小异,样式过于雷同化都会降低消费者的购买欲,与其他民族旅游地如西江的银饰品没有太大的差异,而且价格也不低,这样不仅未能体现出当地旅游纪念品的特色,而且还会影响到当地的旅游形象的塑造。对于银匠而言,需要为自己的产品进行品牌化,品牌的

---

① 资料由麻料村村委会提供。

建立有助于区分不同银饰品的市场标的和商业价值，另外，品牌化也有助于培育回头客并在此基础上形成顾客忠诚。通过访谈，笔者了解到村支书李YC已经对自己银匠店的发展树立了品牌意识，想要把自己的银饰进行品牌包装，但是在产品的设计和包装上比较耗费时间、资金和精力，目前李支书苦于没有资金来进行产品品牌化，而其他的经营者大多缺乏创新意识，不能对银饰产品推陈出新，产品的创新还需要政府进行积极的引导。

（三）麻料乡村旅游发展对策建议

麻料村旅游参观线路为：寨门—古塘—古树—篮球场（主要活动场地）—传统建筑风貌—银饰工坊—麻料银匠村银饰锻造技艺培训学校—农家乐。

民俗文化作为独特的旅游资源，已得到社会的普遍认可。在开发应用过程中必须很好地做到原汁原味、突出特色，既展示文化，又增添乐趣，既保护又开发，以使民俗文化效益最大化、最优化。如何将麻料村的传统村落保护与旅游开发有机结合在一起？针对这个问题笔者提出如下思考与建议：

1. 进行民族文化的资源整合

麻料村旅游业发展始于2018年麻料村银绣旅游开发有限公司的成立，公司的性质以经营银饰和刺绣产品销售为主。虽然麻料村所打造的旅游项目包括：品农家乐特色菜肴、欣赏苗家民俗文化、享受民间山珍野味、体验银饰锻造技艺。但我们能从麻料村村委会所提供的资料和实际调查中看到，当地仅以经营银饰产品为主，旅游项目单一。这就务必形成走马观花式的旅游效果，麻料无形中变成了西江镇旅游线路的附属点，不利于当地旅游业的长久发展。为此，必须把旅游资源进行整合，依托自然生态环境，结合当地银饰文化、苗族节日和饮食文化，如模拟苗年、招龙节和鼓藏节的节日场景，让游客参与其中，体会苗族的特有节日。引进资金结合银饰文化开发酒店民宿，打造特色主题小镇，以丹寨县"万达小镇"为参照，实现吃、住、玩为一体的体验式旅游，满足不同游客的个性化需求。

2. 政府加大公共设施的投入

旅游的可持续性发展主要依赖于政府的支持与引导。由于麻料地处山区，与西江的实际距离自驾车需40分钟左右，外地游客想到达此地更是需要多次换乘交通工具，这也成为游客选择麻料作为旅游目的地的阻碍因素之一，因此，道路建设问题亟需得到政府的解决。另外，景区内需配备干净整洁的卫生间、停车场、休息区等基础设施，并配备专门的管理人员和清洁人员，只有在游客中形成良好的口碑，才能起到宣传带动作用，发展潜在游客。

3. 注重乡村旅游人员的培训

政府不仅要从基础上完善景区的公共设施建设，更要在加强乡村旅游工作人员综合素质方面加大投入力度。完善的基础设施建设是根本，优质的服务意识才是核心。对于旅游人员的培训，要根据不同的岗位设置不同的培训内容，通过考核机制来强化旅游人员理论知识的学习，在实践中查缺补漏，形成专业化的服务意识。如村里针对博物馆以及古树、古井等景点要配备专业的解说员，解说员可以就地招募村里对民族文化颇为了解的年轻人进行技能培训，也可对外招聘旅游专业的大中专毕业生；另外，加强对经营者的管理培训，定期组织经营者进行旅游市场相关法律法规知识的学习，逐步提升管理者的综合素质。

4. 强化村民的品牌意识

麻料村的银饰加工已有600多年的历史，作为苗族银饰的传承基地，麻料的知名度较低。大众对于麻料了解甚少的原因之一在于其主打名片宣传力度不够，银饰作为麻料的名片，没有形成系统性和规模性，银匠们大多"单打独斗"，当地手工打造的银饰成品和其它旅游景区的产品并无太大的区别，因此，必须整合村内的资源，进行品牌包装，建立品牌文化理念，将无序的经营状态转变为有序的产业链模式，在整合银饰资源的过程中也提升了麻料的知名度。

俗话说"靠山吃山，靠水吃水"，开发乡村旅游资源必须具体问题具体分析，根据麻料村当地的实际情况，才能使当地的民俗旅游具有特色。从当地的资源特点出发，利用麻料银匠村当地所特有的银饰文化优势，从当地客观实际出发。另外，开发应统筹规划，充分考虑当地的自然条件、文化条件、社会条件、经济基础条件，打造属于麻料银匠村专有的特色。结合麻料银匠村实际，探索不同经营主体的组织形式和商业运营模式，宜旅则旅、宜农则农、宜工则工、宜商则商，推动农文旅一体化。

5. 发挥政府整合旅游开发资源的主力军作用

德国社会学家格申克龙（A. Grschenkron）研究落后国家工业化时提出了一个著名论点：落后国家为了赶上先进国家，在经济上总是采取国家导向的大推进战略。这个命题也适用于一国的内部。一个国家内各地区贫富差距越大，就越是需要国家干预来平衡地区间经济发展的差异。因此，在推进区域经济平衡、共同发展的过程中，政府扮演了一个非常重要的角色，尤其是在扶贫开发方面。[①] 要充分发挥麻料村独特的扶贫优势，必须要得到当地政府的认同和支持，走政府主导型的旅游扶贫开发之路。运用好民主决策、民主管理和民主监督机制，调动村民广泛参与的积极性，实现集体和个人利益的双赢。"我国过去三十多年的扶贫工作中，政府主导和市场机制是两大脱贫驱动力，其中，政府部门主导是为了确保扶贫工作的公共性和社会效益，借助市场机制是为了提高扶贫工作的效率和经济效益。"[②] 政府还应该充分发挥其宏观调控职能，发挥旅游业的带动作用，让更多的贫困人口从旅游扶贫开发中获益。因此，为建设好麻料村农村集体经济项目，麻料村按照《关于2016年财政资金支持农村集体经济试点有关工作的通知》文件要求，通过项目方案的建设，加快了实现麻料村集体经济升级上档，最终带动农民实现增产增收的目标，并与各种资源有机地结合起来，实现农村经济发展过程中经济效益、社会效益、生态效益和环境效益四赢局面。

---

① 高晓事、李明生：《试论正确发挥政府在扶贫工作中的作用》，《长沙铁道学院学报》（哲学社会科学版），2006年第3期。

② 李爱国：《基于市场效率与社会效益均衡的精准扶贫模式优化研究》，《贵州社会科学》，2017年第9期。

（四）对重点旅游项目的宣传及打造品牌效应

1. 舆论宣传

当今，旅游业的竞争比较激烈，麻料村也应采取立体交叉的网络进行宣传，通过运用文字宣传、形象宣传、联合宣传、无声宣传和节庆宣传等途径进行宣传。① 麻料村可以充分利用自身银饰文化优势，向目标市场营销，进一步打开市场经济。同时坚持多家高校建立的"村校合作"模式，高校输送学生来麻料村学习银饰和刺绣制作，整体宣传，不断强化麻料银匠村的品牌战略力度和影响力。

首先，提高村民的村落保护意识。村委会要面向麻料村全体村民广泛宣传本村的非物质文化遗产、传统建筑、古村落的价值，提高村民的保护意识和自觉性，激发村民对传统村落保护的热情，保证麻料村珍贵旅游资源利用的永续性。

其次，由村委会牵头，邀请相关学者编制专属麻料的乡村旅游指南本，详细介绍本村特色旅游文化，便于游客第一时间对麻料村的旅游特色进行了解。同时村委会还需要制定相关旅游观光制度，约束游客爱护传统村落。此外，舆论宣传还必须依靠现代媒体增加引流。

除了传统的媒介如邀请电视台等各类新闻媒体帮助宣传外，还要充分利用网络媒介，用公众号或短视频的方式让外界了解麻料村重点发展项目与产业，提高知名度，从而促进当地的乡村旅游发展。

2. 弘扬苗族银饰文化，打响"银匠村"招牌

苗族银饰历史悠久，风格独特。苗族银饰具有精美与粗犷相结合的审美特点。在苗族民众心中，银饰是用来避邪恶、驱鬼魅、保平安、存光明的吉祥物，象征吉祥如意。银饰同时也是富与美的代表，蕴藏丰富的苗族社会历史内涵。苗家银饰制作工艺考究，充分体现苗族人民的智慧和才能。

雷山在迎接旅游业的大发展中，作为旅游产品，苗族银饰工艺品大有

---

① 龙江英，杨廷锋：《对民族贫困地区旅游开发管理的思考——以贵州省黔东南州为例》，贵州民族研究，2017年第3期。

市场，除了成套的银饰产品有游客购买以外，零散的银饰工艺品也很受游客的青睐，比如银手镯、银胸针、银耳坠、银戒指这些小件银饰品。现代审美观念的多样化也导致银饰品的形式风格发生了变化，不同的消费群体对于银饰品的需求有所差异，小众的消费群体更注重银饰的文化内涵，他们往往会主动去寻找比较有历史厚重感的"老货"；而普通的大众消费者则是从装饰美化的角度来看待银饰品，银饰品的款式和价格成为了大多数消费者购买时的考量标准，因此物美价廉的银饰品（镀银白铜）也颇受大众市场欢迎，审美取向的差异直接影响了银饰品的生产销售。基于市场机制的考量，麻料银匠村苗族银饰品的制作应尽快适应旅游市场的需要，以满足中外游客的购买需求。

四、环境保护

（一）打造乡村旅游整体形象

开发是否意味着破坏？从本质上来看，发展旅游就是在原来的基础上进行开发再造，这势必会造成对原有资源的破坏。在传统村寨旅游开发的过程中往往存在片面追求经济利益的现状，村寨中居民的环境保护意识不强，很多都是先开发后保护，加之相关的保护资金往往也很难到位，保护工作往往无法真正开展，从而致使传统村寨开发后，遭受严重损害。人们热衷于"先发展后治理"，过分强调工程措施，而忽视了生物措施。

随着麻料旅游业的发展，村里土地荒废、耕地退化突出，由于城镇化的迅速发展，很多年青村民外出经商，村里劳动力缺失，农业生态系统失调，每年的土地遭到闲置，耕地严重损失。

旅游业对生态环境的影响有利有弊，游客的增多势必会增加当地环境污染治理的负担，但在环境污染治理过程中麻料村的生态环境也得到了美化。

麻料村在每隔一段距离的地方都会设有垃圾箱，在离村门口远一点的地方一个较大的垃圾车，旁边还有几个拉垃圾的小车子。通过对村里人的访谈，村民每日的垃圾都会先装好放在小的垃圾箱里，然后由负责打扫卫生的清洁工用小车子拉到村门口的大箱子里，大箱子里的垃圾会被运到西江专门负责烧垃圾的地方焚烧。在山上或是偏僻一点的地方，随处可见一些"严禁倒垃圾违者罚100元并清垃圾""严禁倒垃圾违者罚500元并清垃圾"等用树木块做的标语。从标语中可以看出，村民们的环保意识在逐渐增强。

以前的麻料同其他乡村一样，生活用水、工业废水以及农业化学用水都没有专门的排污系统，过度浪费水资源，随意排放污水，严重破坏了社会环境和自然环境的平衡，对村民们的生存环境造成威胁。2009年雷山县水利局为麻料村新增了农村饮水安全工程项目，这是2009年度第三批新增国家专项资金补助修建的工程。对水资源的保护，才能维持村落环境的绿色性，提高乡村旅游的环境质量。现在麻料村已经有专门的排污系统——排水沟、化粪池。化粪池是处理粪便并加以过滤沉淀的设备，其原理是固化物在池底分解，上层的水化物体，进入管道流走，防止了管道堵塞，给固化物体（粪便等垃圾）有充足的时间水解，将生活污水分格沉淀，及对污泥进行厌氧消化的小型处理构筑物。化粪池是基本的污泥处理设施，同时也是生活污水的预处理设施，保障了麻料村生活环境卫生，避免生活污水及污染物在居住环境的扩散，临时性储存污泥还可作为农用肥料。此外，活污水沉淀杂质，并使大分子有机物水解，分子有机物改善了后续的污水处理。基础设施的完善使得麻料村的生态环境呈现出一种良好发展的态势。

村里银饰工坊的卫生环境良好，室内环境干净清新，有许多银饰店还会装饰独特的店面风格，店内银饰材料堆放有序，地面无残留垃圾。由传统民居改建的农家乐、客栈都设有公共的卫生间，还有客厅休息场所，客栈总体卫生良好，客房会定期做清洁、消毒，配套设施较齐全，室内布局窗明几净，供游客使用的卫浴设施会随时清理，浴室表面的大理石、水龙头、淋浴器、都会定期清理水渍。炎热的夏天会喷上清新剂或点上蚊香，以保持卫生间无异味，干燥通透。床单被罩都是换洗过的，在太阳天会把这些床上用品晒上一天以保证杀菌，每天都会清理垃圾筒和垃圾筐底（内、外），保持清洁无异味，客栈的清洁工具有指定存放的地点，并摆放整齐。农家乐的环境卫生较好，由农家乐经营所产生的生活废水都会按要求排放，厨房食用工具洗净后放在消毒柜里进行消毒，保持洁净，生、熟食品按品种分类放置，室内外环境清洁卫生，定期打扫公共区域，当天产生的垃圾当天处理。

另外，麻料村有用水泥修建的排水沟，小路旁、巷子、水田边随处可见，进一步促进了麻料乡村旅游的环境质量，提高乡村旅游业的发展。

（二）乡村旅游发展合理开发和实行可持续发展的建议

乡村旅游是中国旅游业的重要组成部分，它在农村地区产生和发展迅速，在农业经济中占有重要地位。随着中国居民生活水平的提高，人们对休闲娱乐的需求也越来越高，近年来，各地乡村旅游开发方兴未艾，随着旅游业的不断发展，乡村旅游已成为农村经济新的增长点。但是在发展过程中也出现了一些问题：如不合理开发资源、缺乏管理机制以及开发后资源利用不合理等情况都影响着我国乡村旅游可持续发展。麻料村虽然是传统村落进行旅游发展的个案研究，但在其旅游开发过程中所存在的问题也是当前我国乡村旅游在发展过程中所面临的共性问题。当前我国乡村旅游已经取得了一定成果，如何保证旅游资源的永续性开发，从麻料村的个案中我们或许可以提出一些可持续发展的探索路径。

1.树立正确的乡村旅游观念

乡村旅游是一个新兴产业，它的成功与否，取决于相关企业在经营过程中是否具有正确的发展观念。乡村旅游作为一种新型的资源、产业与休闲农业，是一个具有巨大潜力和发展前景的新型旅游生态。因此，需要相关企业树立正确的思想观念。

2.加强对旅游资源的保护

为了更好地保护当地资源，开发过程中一定要避免盲目开发的现象。坚持规划第一，要做好整体规划，需将整个旅游资源进行统筹考虑，比如文化、特色、市场等因素，另外，要根据当地的实际情况进行设计，尽量避免盲目建设或破坏生态环境，在建设过程中要尊重当地居民的意愿，让村民参与到建设中来。

3. 完善乡村旅游基础设施

随着社会的发展，人们对旅游活动的需求越来越高，基础设施也要跟上。首先要完善道路交通设施，建设乡村旅游公路，满足游客的乡村旅游需求。其次要完善住宿、餐饮等设施。第三则是加强公共设施建设，完善公共卫生间、旅游服务中心、停车场等基础设施。同时应注重环境保护和生态文明建设，以绿色发展为导向加快改善乡村生态环境，实现人与自然和谐发展。

4. 提高乡村旅游管理水平

加强对乡村旅游设施的管理与维护，提高乡村旅游基础设施与服务水平。提高人员素质，加强乡村旅游业从业人员的教育培训。建立健全管理体制和监管机制，加强对乡村旅游活动的管理力度和监督力度。

5. 创新发展模式，提高乡村旅游经济效益

创新发展模式，以市场为导向，以生态效益、经济效益、社会效益为目标，在实现乡村旅游可持续发展的同时，提高当地居民的经济收入。一是创新经营模式，利用互联网优势，通过微信、微博等自媒体平台，拓宽乡村旅游市场，加强宣传力度。二是创新盈利模式，首先要完善公共基础设施建设；其次要提高产品质量和服务质量；再次是增加产品文化内涵；最后则是提高经济效益，增加农民收入。三是合理运用资源优势。目前很多乡村旅游项目仅仅停留在旅游资源开发、产品加工等初级阶段，产品和服务质量不高、附加值较低，不能满足游客需求。乡村旅游的产业融合主要集中在第一产业与第三产业的融合，在合理利用资源优势的同时将其转化为市场优势和经济优势。对于乡村旅游业来说，产业融合是其可持续发展的基础。

（三）村落保护与旅游发展平衡理念

旅游的开发，促进了麻料银匠村地方对传统村落的保护，在田野调查中我们发现，各种旅游与村落的关系争论在继续，但古村落与旅游走得越

来越近已经是不争的事实。那么，旅游与古村落保护、发展，到底是矛盾还是天然统一的？或是可以和谐统一呢？

长期以来，旅游的开发模式是典型的粗放型模式，人们普遍将旅游业的发展看成是一种数量型的增长和外延型扩大再生产，旅游业缺乏深入调查研究和全面科学论证评估，因而导致了旅游资源的盲目开发，旅游区的环境也遭到了严重的破坏。

传统村落的保护是核心，发展是重心。正确处理好保护与发展之间的关系，发展是传统村落的不竭动力，保护是为了传统村落的文化传承，既使村落得到延续，又保护了传统村落固有的活态文化。传统村落的保护与旅游发展可以借鉴可持续发展概念的核心思想，即既满足当代人的需要，又不对后代人满足其需要的能力构成危害的发展。在村落旅游开发中，往往有许多不同类型的规划需要同时进行，应该适当整合各类规划，集中利用资源，以达到事半功倍的效果。地方政府在参与传统村落的旅游开发中，应该积极做好监督管理者的角色。

保护古村落，目的是为了延续古村落的独特价值。古村落的保护应立足于古村落历史的悠久性，古村落的完整性，建筑的地方性，环境生态的平衡性和典型文化的传承等方面进行全面的保护。这样，传统古村落的价值才不会受很大的影响，在进行旅游开发的同时保证传统村落的协调发展。

参考文献

[1]雷山县县志编纂委员会.雷山县志[M].贵阳：贵州人民出版社，1992.

[2]岑应奎，唐千武.蚩尤魂系的家园[M].贵阳：贵州人民出版社，2005.

[3]陈庆德.人类学的理论预设与建构[M].北京：社会科学文献出版社，2006 .

[4]陈钰玲."神圣能力"及其"身份构成"——以广东某地民间巫师研究为例[D].上海：华东师范大学，2020.

[5]陈嘉晟.庵村人生礼仪中的随礼行为研究[D].昆明：云南师范大学，2019.

[6]陈锦均.滇黔桂结合部巫师群体的宗教人类学思考[D].武汉：中南民族大学，2018.

[7]陈晓艺.连南瑶族银饰文化及其产业化研究[D],广州：广东技术师范学院，2018.

[8]崔明.近十年国内民间信仰的人类学研究概况——以社区研究方法为例[J].边疆经济与文化.2012.

[9]费孝通.乡土中国[M].上海：上海人民出版社，2013.

[10]费孝通.江村经济[M].上海：上海人民出版社，2006.

[11]邓迪斯.世界民俗学[M].陈建宪，彭海滨，译.上海：上海文艺出版社，1991.

[12]丁静.乡村振兴视域下的乡村治理问题研究[J].延边党校学报.2020

（6）.

[13]贾敏达.井陉县乡村旅游发展中存在的问题及治理对策研究[D],石家庄：河北经贸大学，2020.

[14]高晓事，李明生.试论正确发挥政府在扶贫工作中的作用[J].长沙铁道学院学报（哲学社会科学版）.2006（3）.

[15]黄平，罗红光.当代西方社会学·人类学新词典[M].长春：吉林人民出版社，2003.

[16]黄小成.浅议黔东南苗族银饰的文化内涵[J].大众文艺.2014（5）.

[17]黄应贵.反景入深林[M].北京：商务印书馆，2010.

[18]柳小成.论贵州苗族银饰的价值[J].中南民族大学学报（人文社会科学版）.2008（7）.

[19]李亦园.人类的视野[M].上海：上海文艺出版社，1996.

[20]李向平.信仰但不认同——当代中国信仰的社会学诠释[M].北京：社会科学文献出版社，2010.

[21]李爱国.基于市场效率与社会效益均衡的精准扶贫模式优化研究[J].贵州社会科学.2017（9）.

[22]黎熙元，何肇发.现代社区概论[M].广州：中山大学出版社，1998.

[23]凌纯声.湘西苗族调查报告[M].北京：民族出版社，1939.

[24]龙江英，杨廷锋.对民族贫困地区旅游开发管理的思考——以贵州省黔东南州为例［J］.贵州民族研究.2007（3）.

[25]田园.富民芭蕉箐苗族的婚姻圈与婚姻交往[D].昆明：云南大学，2012.

[26]唐娜.贵州贞丰苗族打三朝风俗的文化解读[D].北京：中央民族大学，2009.

[27]王文丽.父子连名与西江苗族文化[M].上海：上海师范大学出版社，2005.

[28]王荣菊，王克松.苗族银饰源流考[J].黔南民族师范学院学报.

2005（5）．

[29]薛丽娥.论政府参与模式对民族节日文化的影响[J].贵州民族研究.2009（5）．

[30]向光华.旅游人类学视域下少数民族特色村寨发展研究——以鄂西南牛洞坪村为例[D]，恩施：湖北民族大学，2019.

[31]阎云翔.礼物的流动——一个中国村庄的互惠原则与社会网络[M].上海：上海人民出版社，1999.

[32]岳永逸.家中过会：中国民众信仰的生活化特质[J].开放时代.2008（1）．

[33]尹斐.苗族银饰锻造技艺传承的教育人类学研究——以湘西凤凰山江镇为个案[D].北京：中央民族大学，2012.

[34]杨睿天.东北乡村的祖先崇拜研究——以 J 省 H 镇"老祖宗"民间信仰为例[D]，长春：吉林大学，2020.

[35]庄孔韶.人类学概论（第二版）[M].北京：中国人民大学出版社，2015.

[36]龙山县修志办公室.龙山县志[M].龙山县修志办公室，1985.

[37]郑杭生.社会学概论新修精编本（第二版）[M].北京：中国人民大学出版社，2014.

[38]张建世.黔东南苗族传统银饰工艺变迁及成因分析——以贵州台江塘龙寨、雷山控拜村为例[J].民族研究.2011（1）．

[39]周春元等.贵州古代史[M].贵阳：贵州人民出版社，1982.

[40]全国人民代表大会民族委员会.贵州省台江苗族的宗教迷信[M].贵阳：全国人民代表大会民族委员会，1958.

[41]邹涛.重庆市少数民族传统服饰的文化特色探微——以土家族苗族为例[J].艺术与设计.2012（4）．

[42]马塞尔·莫斯.礼物——古式社会中交换的形式与理由[M].汲喆，译.上海：上海人民出版社，2002.

[43]马林诺夫斯基.未开化人的恋爱与婚姻[M].孙云利，译.上海：上

海文艺出版社，1990.

[44]E.A.韦斯特马克.人类婚姻史（第二卷）[M].汉译世界学术名著丛书·政治法律社会.北京：商务印书馆，2002.

[45]维克多·特纳.象征之林[M].赵玉燕，欧阳敏，徐洪峰，译.北京：商务印书馆，2016.

[46] 爱德华·泰勒.原始文化.[M].连树声，译.桂林：广西师范大学出版社，2005.

[47]路易斯·亨利·摩尔根.古代社会（上册）[M].杨东莼，马雍，马巨，译.北京：中央编译出版社，2007.

[48]马克斯·霍克海默，西奥多.阿道尔诺.启蒙辩证法[M].渠敬东，曹卫东，译.上海：上海人民出版社，2006.

后 记

本书是在田野调查报告的基础上，经修改而成。

2019年6月2日至6月16日，凯里学院李斌副院长、人文学院肖亚丽院长、毛家贵老师、陈辉老师、王向然老师以及笔者带领凯里学院人文学院2017级历本班（李雷锋、王明忠、孙云、周丹），2017级民本班（张锐、雷冬梅、李小花、林泽凤、杨秀珍、吴瑞、黄小晴、杨国富、哈红优）及2018民本班（唐薇薇、龙爱美、杨秋银、杨丽仙）一行23人，对雷山麻料村进行了田野调查，从综合民族志的角度广泛收集田野资料，为本书的撰写提供了大量的第一手原始材料，夯实了写作基础。若没有此次田野调查，自然也就无此书的问世，在此，对参加田野调查的老师及学生，表示衷心的感谢。

在麻料村进行田野调查期间，得到了村委会李玉昌书记、驻村干部吴宜松、李杰以及其他同志的大力支持和帮助，为田野调查提供了大量的便利，使田野调查得以有序开展，在此，一一谢过。尤其要感谢麻料村老支书黄通达老人的大力支持，老人75岁的高龄，为了让学生了解麻料村的历史文化以及三大家族的迁移史，顶着炎炎烈日，带领学生上山找碑刻，着实让调查组感动。此外，黄通达、黄通钱、李光成、李光忠几位老人虽年事已高，但面对学生的询问仍不厌其烦，一一进行解答，在此，对四位老人的无私帮助，表示衷心的感谢。此外，潘仕学、李世华、李正学、潘国雄、李光华、李正值、文桂群、王治芬、李素芬、潘元定、李东军以及麻料其他帮助过我们的村民，若没有你们的帮助，此书也不能完成，因此，对你们的帮助表示衷心的感谢，对你们的慷慨，表示崇高的敬意。

　　而关于拙著中存在的问题，全由本人承担。因本人才疏学浅、学术素养不高，或许拙著未能达到麻料人的期望，在此深表歉意。需要额外啰嗦几句的是，关注拙著的生产过程，原先准备以麻料村的银饰锻造技艺为切入点，从传承机制、传承特点这方面来对当地的锻造技艺进行"深描"，结合当下乡村振兴的时代背景，考察当地银饰手工艺的产业化发展道路，以彰显麻料村的特色。但本人认为，产业化的发展一定与当地特定的地理环境、社会文化、经济水平、组织结构都有着必然的联系，因此也从麻料村三大姓氏的由来、麻料人的日常生活、婚丧嫁娶以及社会组织进行了描述。

　　因个人能力不及，又囿于民族志的桎梏，或许未能写出学术专著的标准，亦或有这样那样的缺陷，因此，敬请海内贤达、行业专家批评指正，鄙人定将不胜感激。

杨　沁

2022年6月22日 于凯里